AlCoCrFeNi
高熵合金激光熔覆层制备与性能

■ 董　会◎著

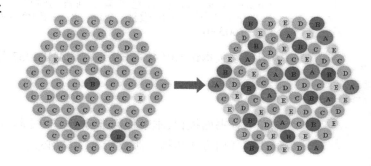

中国石化出版社

·北 京·

内 容 提 要

  本书在介绍高熵合金制备技术与主要性能的基础上，着重介绍了 AlCoCrFeNi 激光熔覆层的微观结构与耐磨耐蚀性能，TiC 增强相、MoS_2 固体润滑相、Ni 包 MoS_2 固体润滑相对熔覆层的降阻减磨机理，TiC/Ni 包 MoS_2 对涂层耐磨性的耦合提升作用。

  本书适合从事防护涂层研究工作的技术人员，尤其是从事激光熔覆涂层研究工作的教师及科研人员借鉴。

图书在版编目（CIP）数据

AlCoCrFeNi 高熵合金激光熔覆层制备与性能／董会
著. —北京：中国石化出版社，2024. 8. —ISBN 978-
7-5114-7603-6

 Ⅰ. TG13

中国国家版本馆 CIP 数据核字第 2024ME1337 号

中国石化出版社出版发行

地址:北京市东城区安定门外大街 58 号
邮编:100011   电话:(010)57512500
发行部电话:(010)57512575
http://www.sinopec-press.com
E-mail:press@sinopec.com
北京捷迅佳彩印刷有限公司印刷
全国各地新华书店经销
*
787 毫米×1092 毫米 16 开本 11.75 印张 193 千字
2024 年 8 月第 1 版   2024 年 8 月第 1 次印刷
定价:58.00 元

前言

　　激光熔覆高熵合金（High-Entropy Alloys，HEAs）涂层继承了高熵合金优异的机械与化学特性，具有突出的耐腐蚀、耐高温氧化等性能，在能源、航空航天、化工等领域有着广泛的应用前景。尽管四大效应使得高熵合金涂层的硬度升高，但耐磨性能仍是其安全服役面临的问题之一。

　　本书结合国内外高熵合金及其激光熔覆耐磨涂层的研究进展，首先介绍了高熵合金的制备技术与性能，阐述了高熵合金涂层的制备方法。然后，在介绍目前高熵合金耐磨涂层研究进展的基础上，详细叙述了 AlCoCrFeNi 激光熔覆层的微观结构与耐磨耐蚀性能；分别阐述了 TiC 增强相、MoS_2 固体润滑相、Ni 包 MoS_2 固体润滑相对 AlCoCrFeNi 激光熔覆层物相、结构，以及耐磨性能的影响规律与降阻减磨机理。最后，阐述了 TiC 增强相与 Ni 包 MoS_2 固体润滑相耦合作用下，AlCoCrFeNi 熔覆层微观结构与摩擦磨损性能演变。本书能够为激光高熵合金熔覆层制备，颗粒增强涂层、降阻减磨涂层的设计制备，以及降阻减磨机理等方面的研究提供参考及借鉴，同时作者希望本书能够为拓宽激光熔覆层的安全服役区间奠定基础。

　　本书获西安石油大学优秀学术著作出版基金资助，并得到了国家自然科学基金（51904331）、西安石油大学"材料科学与工程"

省级优势学科(YS37020203)等项目的资助。

本书写作过程中得到了西安石油大学热喷涂实验室各位老师的指导和大力支持，书中数据由张三齐、徐龙、康凯祥三位硕士生整理。在此，作者表示由衷的感谢。

由于作者水平有限，文中难免会有错误及不周之处，如蒙指正，不胜感激。

目录

第1章　高熵合金熔覆层概述 ……………………………………………（1）

1.1　高熵合金研究背景 …………………………………………………（1）

1.2　高熵合金研究现状 …………………………………………………（2）

  1.2.1　高熵合金四大效应 ……………………………………………（2）

  1.2.2　高熵合金分类与制备方法 ……………………………………（6）

  1.2.3　高熵合金的性能 ………………………………………………（8）

1.3　高熵合金涂层制备方法 …………………………………………（13）

  1.3.1　激光熔覆 ………………………………………………………（13）

  1.3.2　热喷涂技术 ……………………………………………………（15）

  1.3.3　磁控溅射 ………………………………………………………（17）

  1.3.4　其他方法 ………………………………………………………（18）

1.4　高熵合金熔覆层耐磨研究现状 …………………………………（18）

  1.4.1　高熵合金体系熔覆层 …………………………………………（18）

  1.4.2　第二相增强高熵合金熔覆层耐磨性 …………………………（20）

  1.4.3　固体润滑剂增强高熵合金耐磨性能 …………………………（24）

第2章　AlCoCrFeNi 微观结构与耐磨耐蚀性能 …………………（28）

2.1　AlCoCrFeNi 激光熔覆层制备 ……………………………………（28）

  2.1.1　激光熔覆层的制备方法 ………………………………………（28）

  2.1.2　基体材料制备 …………………………………………………（28）

  2.1.3　高熵合金粉末表征 ……………………………………………（29）

2.1.4 涂层性能表征 ………………………………………………（29）

2.2 高熵合金涂层的微观形貌 …………………………………（31）

2.2.1 截面微观形貌与涂层成分 ……………………………（31）

2.2.2 涂层物相分析 …………………………………………（36）

2.3 涂层耐蚀耐磨性能 …………………………………………（37）

2.3.1 涂层硬度 ………………………………………………（37）

2.3.2 涂层摩擦磨损性能 ……………………………………（38）

2.3.3 涂层的耐蚀性能 ………………………………………（40）

第3章 TiC 增强 AlCoCrFeNi 高熵合金耐磨性能 ………………（43）

3.1 TiC 与高熵合金粉末配比 …………………………………（43）

3.1.1 TiC 粉末表征 …………………………………………（43）

3.1.2 粉末混合 ………………………………………………（43）

3.2 TiC 与高熵合金机械合金化 ………………………………（44）

3.2.1 机械合金化 TiC/AlCoCrFeNi 混合粉末的微观形貌 ……（45）

3.2.2 复合熔覆层的微观形貌与物相 ………………………（47）

3.2.3 复合涂层摩擦磨损与耐蚀性能 ………………………（51）

3.3 直接掺杂 TiC 增强高熵合金耐磨性 ………………………（54）

3.3.1 复合熔覆层的物相组成及微观组织 …………………（54）

3.3.2 复合熔覆层耐磨性能分析 ……………………………（67）

3.4 不同激光功率下 TiC 与高熵合金复合涂层 ………………（73）

3.4.1 复合涂层的微观形貌与物相 …………………………（73）

3.4.2 涂层摩擦磨损能 ………………………………………（82）

第4章 固体润滑剂增强 AlCoCrFeNi 高熵合金耐磨性能 ………（88）

4.1 固体润滑剂形貌及粉末配比 ………………………………（88）

4.1.1 MoS₂粉末表征 …………………………………………（88）

4.1.2 Ni@MoS₂粉末表征 ……………………………………（88）

4.2 MoS₂增强熔覆层耐磨性能 …………………………………（89）

    4.2.1　熔覆层的物相组成及微观组织 ……………………………（89）

    4.2.2　熔覆层耐磨性能分析 …………………………………………（97）

  4.3　机械混合 Ni@ MoS₂/AlCoCrFeNi 增强熔覆层耐磨性 …………（103）

    4.3.1　熔覆层物相及形貌分析 ……………………………………（103）

    4.3.2　熔覆层的微观组织及成分 …………………………………（106）

    4.3.3　熔覆层耐磨性能 ……………………………………………（115）

  4.4　AlCoCrFeNi/Ni@ MoS₂自润滑相的调控及耐磨性研究 ………（122）

    4.4.1　粉末形貌及自润滑高熵合金熔覆层分析 …………………（122）

    4.4.2　熔覆层的自润滑相显微形貌及成分分析 …………………（125）

    4.4.3　熔覆层的耐磨性能分析 ……………………………………（130）

第 5 章　TiC 与固体润滑剂耦合增强 AlCoCrFeNi 熔覆层耐磨性能 …（137）

  5.1　MoS₂+TiC/AlCoCrFeNi 熔覆层耐磨性能 ………………………（137）

    5.1.1　熔覆层的物相组成及微观组织 ……………………………（137）

    5.1.2　熔覆层耐磨性能分析 ………………………………………（147）

  5.2　Ni@ MoS₂+TiC/AlCoCrFeNi 熔覆层耐磨性能 ………………（153）

    5.2.1　熔覆层显微组织及成分分析 ………………………………（153）

    5.2.2　熔覆层耐磨性能分析 ………………………………………（162）

参考文献 ………………………………………………………………（169）

第1章　高熵合金熔覆层概述

1.1　高熵合金研究背景

随着我国经济的不断发展，石油石化、航空航天、交通运输等作为国家重要产业，其重要性日益凸显。以石油石化为例，为了保持我国在石油化工领域的领先地位，需要进行持续性升级，突破自身的技术。石油的开采过程是一项复杂且精密的工程，其中涉及众多的技术与设备。其中，石油压力容器、开采设备的转轴等仪器的耐久性和可靠性是影响石油开采和储备的重要因素。而这些设备的关键部位的主要材料是 Q345 等低碳钢。石油生产的恶劣环境，如高温、酸性、碱性等，对 Q345 这类的低碳钢产生极大的考验。磨损失效是 Q345 等碳钢面临的重要问题，它不仅会影响相关设备的使用性能，还可能引发重大安全事故。

因此，提高 Q345 等碳钢的耐磨性能是石油工业领域急需解决的关键性问题。针对 Q345 这类低碳钢失效的问题，目前主流的解决方法主要是以下两种：第一种是采用更加耐蚀耐磨的材料替换 Q345 等碳钢；第二种是利用表面改性技术对传统的低碳钢材料进行表面强化，提高其耐蚀和耐磨性能。虽然第一种方法的效果更加明显，但是其经济成本较高，所以在实际应用方面，表面改性技术更受青睐。利用表面改性技术，可以提高 Q345 等碳钢的表面性能，从而改善设备的整体性能，延长设备的使用寿命，降低维修成本，为我国的石油领域作出贡献。

利用表面改性技术来增强 Q345 等碳钢的耐磨性能，除了相关工艺参数的研究，还需要对其表面材料和结构进行设计。表面改性技术通常使用一些传统合金粉，例如铁基合金粉末、镍基合金粉末、铝基合金粉末等。这些粉末主要是由一个主元合金以及一些附加元素形成的，通常主元合金占比在50%以上。然而，传统合金粉末的缺点是综合性能有限，例如，铁基合金粉末在耐磨性能方面有优势，但耐蚀性能和耐高温性能较差，镍基合金有优异的耐蚀性能，但耐高温磨损性能有待提升。基于以上原因，传统的合金粉末可能无法满足一些特殊情况下的使用，因此需要对传统合金粉末进行结构和成分上调整，设计出一种多方位更加全面的合金粉末。

高熵合金粉末是近年来一种新型粉末，由于其结构的特殊性，高熵合金在成分设计上有各种组合。虽然对高熵合金研究的不断深入，各体系的研究不断完善，但是在严苛的环境下，其力学性能，特别是耐磨性能仍存在问题，此外高熵合金的经济成本也极大地限制其在工业方面的应用。基于此，在高熵合金粉末中加入固体润滑剂或硬质相，可以在一定程度上增加其力学性能，同时降低其经济成本。激光熔覆技术是一种常见的表面改性技术，具有低稀释率、结合强度高、晶粒细小等优点，是制备高熵合金熔覆层的常用手段。利用激光熔覆技术，制备高熵合金与硬质相或固体润滑剂的耐磨复合涂层，是解决高熵合金工程应用的重要途径。

1.2 高熵合金研究现状

1.2.1 高熵合金四大效应

高熵合金（High-entropy alloys，HEAs）与传统合金的单主元设计理念不同，是一种多组元合金。20世纪90年代剑桥大学Greer提出"混乱原则"，认为非晶的形成与混乱度的高低有关。随后在2004年中国台湾学者叶均蔚教授把这种容易形成单相固溶体的现象称为多组元的高混合熵效应。自此，彻底确定高熵合金定义，高熵合金是由五种以上的元素按等摩尔比或近等摩尔比组成的固溶体，每种原子的百分比在5at.%~30at.%。相比于传统合金，高熵合金的多主元带来四大核心效应，即高熵效应、迟滞扩散效应、晶格畸变效应和"鸡尾酒"效应。高熵合金与传统合金原子分布如图1-1所示。

如图1-2所示，随着高熵合金的不断发展，高熵合金的组分设计不再拘泥于合金元素等摩尔比或近等摩尔比。在第二代高熵合金中，定义方式由基于材料的成分拓展为基于材料的"熵"，根据"熵"值可将合金材料分为低熵合金、中熵合金和高熵合金。如图1-3所示，将$\Delta S_{conf} > 1.5R$的合金定义为高熵合金，因此含有四种非等摩尔比元素和多相结构的合金也涵盖在高熵合金内。随着对高熵合金研究的不断深入，现有的HEAs可以分为七类，包括3d过渡族HEAs、难熔金属HEAs、轻金属HEAs、镧系HEAs、铜系HEAs、贵金属HEAs和间位化合物HEAs。高熵合金优异的性能突破了工程材料在严苛环境下的限制，拓展了工程材料在极端环境下的应用前景，而将其应用于工业领域是目前高熵合金研究的关键。

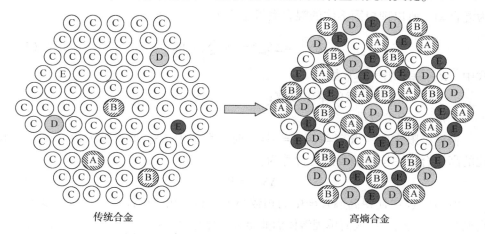

图 1-1 高熵合金与传统合金原子分布示意图

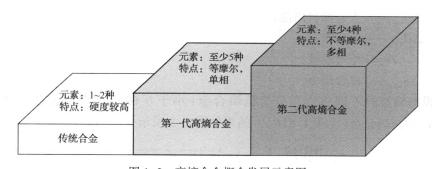

图 1-2 高熵合金概念发展示意图

（1）高熵效应

熵作为一个热力学的参数，表示物质的状态或无序程度。熵值受到不同构型的影响，例如磁矩、原子振动和原子排列。其中原子排列是影响熵变化的重要因素。

高"熵"是高熵合金最本质的特征，"熵"是热力学状态函数，用于描述系统的"内在混乱"程度。根据 Boltzmann 热力学统计原理，系统中的"熵"定义如下：

$$\Delta S_{conf} = k \ln w \tag{1-1}$$

式中 k——玻尔兹曼常数；

w——系统中排布方式不同的原子。

在合金系统中混合熵（ΔS_{mix}）包括构型熵（ΔS_{mix}^{conf}）、振动熵（ΔS_{mix}^{vib}）、磁偶极子熵（ΔS_{mix}^{mag}）和电子随机熵（ΔS_{mix}^{elec}）：

$$\Delta S_{mix} = \Delta S_{mix}^{conf} + \Delta S_{mix}^{vib} + \Delta S_{mix}^{elec} + \Delta S_{mix}^{mag} \tag{1-2}$$

由于构型熵远大于其他三种类型的熵，将其他三者忽略不计，构型熵可等同为混合熵，所以理想固溶体的混合熵可定义为：

$$\Delta S_{mix} = \Delta S_{mix}^{conf} = -R \sum_{i=1}^{n} c_i \ln c_i \tag{1-3}$$

式中　R——摩尔气体常数；

　　　c_i——第 i 种元素的摩尔分数；

　　　n——元素数量。

根据极限定理，当 $c_1 = c_2 = c_3 = \cdots = c_n$ 时，系统中 ΔS_{mix} 取得极大值，在等摩尔比的高熵合金中构型熵可简化计算为：

$$\Delta S_{conf} = R\ln n \tag{1-4}$$

"高熵效应"使得高熵合金中的相数小于吉布斯相律中计算的相数，多主元的高熵合金更倾向于形成简单固溶体而非金属间化合物。根据吉布斯自由能公式：

$$\Delta G_{mix} = \Delta H_{mix} - T\Delta S_{mix} \tag{1-5}$$

式中　ΔG_{mix}——吉布斯自由能；

　　　ΔH_{mix}——混合焓；

　　　T——绝对温度；

　　　ΔS_{mix}——混合熵。

根据熵值的不同将合金分为低熵合金（小于 $0.69R$）、中熵合金（$0.69R \sim 1.61R$）和高熵合金（大于 $1.61R$），结果如图 1-3 所示。

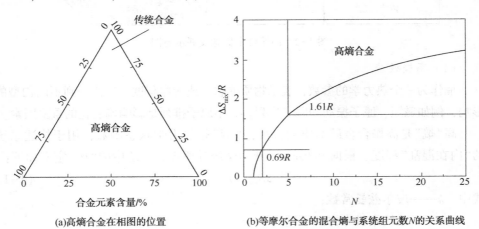

(a)高熵合金在相图的位置　　　(b)等摩尔合金的混合熵与系统组元数N的关系曲线

图 1-3　高熵效应示意图

根据吉布斯自由能表达式，可以发现混合焓和混合熵处于一种竞争关系，在高温条件下，混合熵处于主导地位，可以降低系统的自由能，提高各元素的相容性，形成稳定的固溶体。因此，随着熵值的增大，在高熵合金体系中更容易形成固溶相，例如 FCC、BCC 和 HCP 相固溶体。传统合金由于熵值较低，金属间化合物是有序相，固溶体的形成反而受到限制。

（2）迟滞扩散效应

相比于传统的合金，高熵合金固溶相中的每个晶格点阵的原子会有更大的变化，在扩散过程中，各元素的实际扩散速率均有所下降，这一现象被称为迟滞扩散效应。这是由于高熵合金中五种元素被不同的原子包围，每个原子之间的键能和键型不一样，因此晶格势能也不同。而高熵合金的扩散机制主要由空位主导，空位的形成和迁移均与原子的相互作用有关，如果能量降低，原子扩散缓慢；如果能量升高，原子难以进入空位。Tsai 等人对高熵合金中的扩散动力学进行计算，获得理想的准二元扩散系数。发现随着高熵合金中组元的增加，晶格之间的势能增加，原子的活化能越高，扩散效率越低。Paul 等人对 Tsai 的结果进行进一步优化，提出更加准确的计算扩散系数的方法，为后续获得准确扩散系数提供研究基础。

（3）晶格畸变效应

与传统合金相比，高熵合金中每个原子都被大小不同的其他类型的原子包围，且不同的原子尺寸、键结构和晶格能的各种元素可能随机位于同一晶格矩阵中，这导致高熵合金的晶格畸变极为严重。另外由于高熵合金构成元素过多，所以每种元素的晶格、原子半径、化学键均有所差异，这种差异会导致晶体结构产生严重的晶格畸变。Yu Zou 等人利用电弧熔炼制备 $Nb_{25}Mo_{25}Ta_{25}W_{25}$ 耐火高熵合金，发现在（001）和（316）单晶的 HEAs 柱的长度在 $200nm \sim 2\mu m$，同时 HEAs 的塑性得到极大的提高，无法使用热效应的现象进行解释。研究发现，这是由于原子尺度上局部的畸变引起的晶格畸变，导致同一层面的原子面发生起伏，从而使 HEAs 具有较高的强度水平和较低的尺寸依赖性。此外，晶格畸变会影响原子的扩散程度，以及引起位错运动进而增强高熵合金的力学性能、物理性能。晶格畸变如图 1-4 所示。

（4）"鸡尾酒"效应

随着高熵合金的概念被提出，Ranganathan 针对高熵合金的特点提出，高熵合金中各元素组成除了对微观组织有一定的影响，对整体的性能也有相应的影响，即高熵合金的特性由所构成的元素共同决定，这是著名的"鸡尾酒"效应。

针对这一特点，在高熵合金中加入 Cr 和 Ti 元素，会促使相结构发生改变，同时在腐蚀过程中形成相应的钝化膜，增强高熵合金的耐蚀性能。此外，高熵合

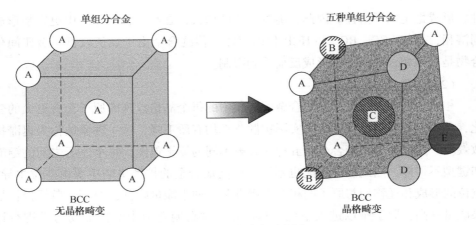

图 1-4　晶格畸变示意图

金中部分元素相互组合，容易在晶界处和枝晶处形成金属间脆性化合物，降低高熵合金的性能。因此，通过调节 NiCrFeAlTi 高熵合金的各元素摩尔比，可以使其从 BCC 相结构转变为 BCC+FCC 双相高熵合金，增强 NiCrFeAlTi 的屈服强度、抗压强度、断裂韧性。

　　Gorr 等人研究了一系列等摩尔 RHEA，发现 TaMoCrTiAl 在 1000℃ 以上的温度下表现出优异的抗氧化性，这是因为其表面形成了一层薄而致密的富铝层，该层遵循氧化物生长的抛物线速率定律。此 RHEA 所观察到的抗氧化性与镍基高温合金相当。因此，在设计高熵合金时，只要所选元素满足相形成要求，就可以制作不同的元素和微观结构组合，以此来获得广泛且异于寻常的结果。"鸡尾酒"效应使得高熵合金的设计更具灵活性，但对于其潜在的形成规律应进一步发掘研究。

　　随着高熵合金不断被研究和发展，高熵合金这些效应引起国内外学者的广泛研究。目前高熵合金的体系完善、理论充足，其定义也从五种以上的元素转变为四种及四种以上的元素，各元素的原子百分比在 5at.%~35at.%，主体是固溶体的合金。

1.2.2　高熵合金分类与制备方法

　　根据高熵合金的尺寸与形态，高熵合金通常分为粉末、块体、涂层或薄膜三种形态，其分类与主要制备方法如图 1-5 所示。粉末通常由气雾化与机械合金化制备；块体制备方法较多，主要包含真空熔炼、定向凝固、粉末冶金；高熵合金涂层的制备方法主要含有磁控溅射、热喷涂、激光熔覆等技术。

　　对于高熵合金的成分分类，可以根据元素种类分类，也可以根据元素性质分类。

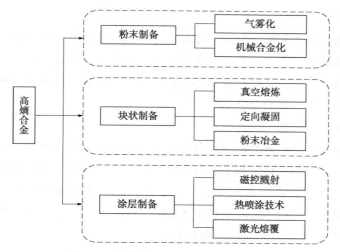

图 1-5　高熵合金形态分类与制备方法

　　根据元素种类，高熵合金可以分为：等原子比高熵合金、非等原子比高熵合金、难熔高熵合金、贵金属高熵合金等。等原子比高熵合金是最典型的高熵合金，其中所有主要元素的摩尔比例近似 1∶1，其中 AlCoCrFeNi 高熵合金为典型的等原子比高熵合金。非等原子比高熵合金的主要元素摩尔比例并不完全相等，各元素维持在 5at. % ~ 30at. %。难熔高熵合金由难熔金属（如 Ta、Nb、Mo、W、V、Cr、Hf 等）组成，具有高温稳定性、高硬度、高强度等特性。轻质高熵合金主要由轻质元素（如 Al、Mg 等）组成，具有低密度、高比强度、高比刚度等特点。贵金属高熵合金主要由贵金属元素（如 Pt、Au、Ag 等）组成，具有优异的电学、热学和化学性能。

　　根据元素性质，高熵合金可以分为以下几种：面心立方（FCC）高熵合金、体心立方（BCC）高熵合金、密排六方（HCP）高熵合金、IC 高熵合金。FCC 高熵合金的原子在晶体结构中占据面心立方格子位置，具有良好的塑性、韧性和延展性。典型合金有 FeNiCoCrMn、AlCoCrFeNi 等。BCC 高熵合金的原子在晶体结构中占据体心立方格子位置，具有较高的硬度、强度和耐磨性。典型合金有 VNbMoTaW、CrMoNbTaV、FeCoNiCrMn 等。HCP 高熵合金的原子在晶体结构中占据密排六方格子位置，通常具有良好的塑性和韧性。典型合金有 MgLiAlTi、MgZnCaGa、MgZnCaGd 等。IC 高熵合金由离子和金属元素混合组成。典型合金有 $LiFeCoNiPbO_2$、MgAlFeNiSiO、MgAlCuCrFeNiZn 等。

　　目前高熵合金发展迅速，随着研究的深入，会持续有更多的新型高熵合金被开发。

（1）电弧熔炼法

电弧熔炼是制备高熵合金的主要方法之一，熔炼过程中采用高纯氩气气氛保护。通过电弧加热合金至熔点后，均匀混合，熔化的金属液在负压下被吸入水冷铜模，进行高速凝固，获得晶粒细小的高熵合金。但是，由于技术壁垒问题，该方法只能制备小型的高熵合金试样。

（2）机械合金化法

机械合金化是通过球磨机对纯金属粉末进行反复变形、断裂、原子间扩散和固相反应等操作来制备合金粉末。合金粉末粒径是微米级，而经烧结后的晶粒尺寸在纳米级，具有优异的力学性能。烧结对晶粒尺寸有显著影响。CoCrFeMnNi合金烧结后晶粒尺寸由 $30\mu m$ 增长至 $40\mu m$。$700\,℃$ 退火 15min 后，样品晶粒尺寸为 340nm，$800\,℃$ 退火 60min 后达到 844nm。

（3）粉末冶金法

粉末冶金是将合金粉末混合、压制和烧结，制备高熵合金的方法。粉末冶金法可以精确高效地控制合金成分和微观结构，从而得到性能优异的高熵合金。粉末冶金法的缺点是制备过程复杂，成本较高。

1.2.3　高熵合金的性能

传统合金以四大强化机制（细晶强化、弥散强化、固溶强化、加工硬化）来提高其自身的力学性能和材料强度，但仍受限于微量元素过高导致的金属间化合物的形成。高熵合金由于其特殊的成分设计及四大效应，相比于传统合金，硬度、耐蚀性能、耐磨性能具有更强的优势。

（1）力学性能

近年来，高熵合金力学性能的研究逐渐丰富。由于主要为成分探索，合金成型等方向研究较少，关于力学性能的报道主要集中在硬度与压缩性能。强度和塑性较好的单相 FCC 高熵合金和 BCC 难熔高熵合金的力学性能研究较为详细。高熵合金的部分室温力学性能如图 1-6 所示。

高熵合金的高硬度主要是由于各主元事之间的固溶强化和第二相强化的作用。不同原子半径之间的差异导致晶格畸变严重，使位错运动受阻，固溶强化效果更加显著。在高熵合金中以 BCC 相或 FCC 相为主，其中 BCC 相的硬度高于 FCC 相，并且高熵合金涂层中形成的硬质 Laves 相可产生第二相强化，进一步提升高熵合金的硬度。

Das 等人将 W、Mo、V、Cr、Ta 合金粉末机械合金化后，进行真空熔炼和热处理得到了 WMoVCrTa 难熔高熵合金，该合金显微硬度高达（773±20）$HV_{0.5}$，室温下的压缩应力和应变分别为 995MPa 和 6.2%，兼具了出色的应力、应变和高硬度。Shivam 等人通过机械合金化合成了 AlCoCrFeNi 高熵合金，在 900℃下进行 2h 的常规烧结后显微硬度达到了 $919HV_{0.3}$。Qin 等人研究发现 3GPa 高压固相反应后在 1200℃保温 10min 合成的 $CoCrFeNiMo_{0.4}$ 高熵合金，由于固溶强化、高压作用及 Mo 原子造成的严重晶格畸变阻碍了位错运动，使其显微硬度达到了 449.1HV。

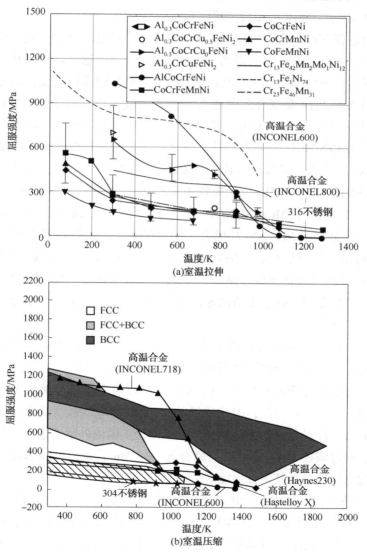

图 1-6　不同相结构的高熵合金室温力学性能

由于高熵合金组成体系庞大，不同体系之间的硬度值差异过大，因此通过计算预测高熵合金的硬度是降低成本的重要步骤。晶格畸变是影响高熵合金硬度的重要因素，而晶格畸变主要是由原子间剪切力和原子尺寸效应引起的。Yongzhi等人通过计算原子尺寸与原子堆叠的比值（ε），作为判断原子尺寸效应引起晶格畸变的大小，进而预测高熵合金的硬度。结果表明，$\varepsilon < 6.4$ 时，涂层以 FCC 相为主，随着 ε 的增加，高熵合金的硬度减小。这一预测结果与 Parisa 等人发现高熵合金的 FCC 相转变为 BCC 相后，硬度有所提高一致。

除了合理预测高熵合金的硬度，在原有体系上优化高熵合金成分设计也能提高其显微硬度。$CoCrFeNiMo_{0.4}$ 高熵合金在高温条件下，通过高压固相反应，会使元素进行扩散，导致固溶强化及高压下 Mo 原子引起的晶格畸变，促进硬度提高约 80%。在 NiCoCrFe 高熵合金中加入 Zr，并通过火花等离子烧结（SPS）使其原先的 BCC/FCC 相转变为 FCC 相，提高其显微硬度及纳米硬度。高等人研究了 Ti 元素含量对 $CoCrNiMnTi_x$ 高熵合金激光熔覆层的影响，Ti 摩尔含量的增加促进了脆硬的 Laves 相生成，熔覆层的显微硬度也随之增加，当 Ti 摩尔比为 1 时熔覆层达到最大硬度值（$523.73HV_{0.1}$），相较于未添加 Ti 元素的 CoCrNiMn 熔覆层硬度值提升了 3 倍。此外，$AlCrFeCoNiTi_{0.5}$ 高熵合金由于 Ti 元素的引入，增强了固溶强化效应，改变了 AlCrFeCoNi 高熵合金的显微结构，出现了具有蜂窝状的富含 Fe-Cr 的枝晶，显微硬度与 AlCrFeCoNi 合金（$887HV_{0.5}$）相比，$AlCrFeCoNiTi_{0.5}$ 合金（$1147HV_{0.5}$）的硬度得到显著提高。Archard 定律表明，材料的硬度与耐磨性成正相关，高熵合金硬度高于不锈钢等合金，因此具有更优异的耐磨性。

（2）化学性能

高熵合金由于其组成元素的多样性，在其中添加 Cr、Mo、Ti 等钝化元素，可以使高熵合金具有优异的耐蚀性能，如图 1-7 所示。研究表明，Cr 元素可以增加高熵合金的钝化膜的稳定性。Cr 元素含量过高会导致高熵合金的微观组织演变，出现严重的晶间腐蚀，因此适量的 Cr 元素可以增强高熵合金的钝化能力及抗点蚀能力。针对不同体系高熵合金的耐蚀性，国内外学者进行不同程度的研究，例如，通过调控 CoCrFeMnNi 高熵合金中的 Mn 元素，可以抑制其在硫酸溶液中的钝化反应，增强其耐蚀性能。

Aliyu 等人在低碳钢基体上电化学沉积了高熵合金涂层和含氧化石墨烯（GO）的 AlCrFeCoNiCu 复合涂层。含 GO 的复合涂层的耐蚀性高于单一高熵合金涂层。添加 GO 有助于微观结构和成分的均匀性，消除了由元素偏析引起的电偶耦合而产生的局部腐蚀，从而提高含 GO 复合涂层的耐腐蚀性。Aliyu 等人又对五种不同

GO 含量的 MnCrFeCoNi 高熵合金复合涂层进行研究，塔菲尔极化曲线如图 1-8 所示。随着 GO 含量的增加，涂层的腐蚀电流和腐蚀速率降低，抗电化学腐蚀能力增强，表明涂层的腐蚀性能随着 GO 含量的增加而增强。涂层的微观结构特征表明，GO 的加入导致了两种不同的微观结构变化：一个是富铬相的铬含量增加，另一个是涂层表面覆盖有富铜和富铬层。这两个因素以及 GO 赋予的抗渗性都是含 GO 复合涂层耐腐蚀性增强的原因。

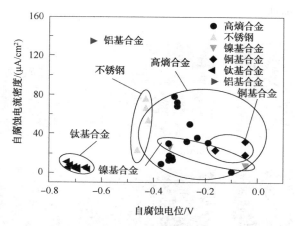

图 1-7　HEAs 与传统合金的在 H_2SO_4 溶液中腐蚀电位与电流的比较

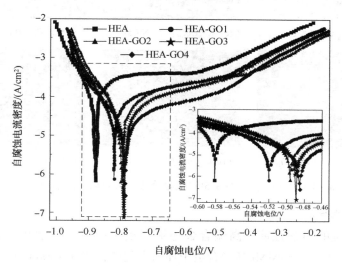

图 1-8　不同 GO 含量复合涂层的塔菲尔极化曲线

Zemanate 等人研究了不同的镍含量及热处理对 AlCrFeCoNi$_x$（$x = 1.0$、1.5、2.0）高熵合金的微观结构和腐蚀性能的影响，结果表明 AlCrFeCoNi$_x$ 高熵合金对局部腐蚀具有高抗力。高熵合金中FCC/BCC相的组成以及保护膜的形成受Ni元素影响，Ni含量的增加降低了BCC相的比例，稳定了FCC相，形成保护性更强的钝化膜。Song等人分析了Al和Cu共合金化对纳米晶$Al_xCu_y(FeCrNiCo)_{100-x-y}$高熵合金耐蚀性的影响机制，如图1-9所示点蚀是其主要的腐蚀形式，高Al/Cu比的合金具有更好的耐蚀性，并且在10at.%~20at.%Cu的范围内耐蚀性先增加，后随着Al/FeCrNiCo比例的增加而降低，Cu元素会减少钝化膜中Cr等元素的含量进而降低合金耐蚀性。

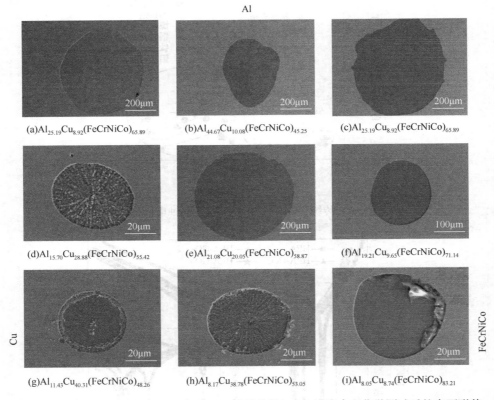

图1-9　$Al_xCu_y(FeCrNiCo)_{100-x-y}$在3.5%（质量分数）NaCl溶液中电化学测试后的表面形貌

（3）其他性能

除了传统的力学性能，高熵合金还被期望应用在更复杂和严苛的情况下。Kadir等人在AlCoCrFeNiNb高熵合金中加入碳化硼，并在1000℃下进行渗透硼处理，填补高熵单一结构的复合硼化层，增强AlCoCrFeNiNb的耐高温性和抗氧化性。随着对高熵合金研究的不断深入，发现在低温材料、耐辐照、储氢材料等领域也表现出更强的性能。

高熵合金经 50h@ 1100℃ 的热处理后，由无序的 FCC 基体到 BCC-B2 相的转变，磁化强度为 34.42emu·g，实现了力学-磁性能的良好结合。改变 AlCoCrFeNi(x = 0~3，Ar0.25) 高熵合金系统的价电子浓度，可以显著控制它们的热电特性，500℃、x = 0 时热导率从 15W·m^{-1}·K^{-1} 降为 x = 3 的 12.5W·m^{-1}·K^{-1}，价电子浓度从 8.25 降为 6。

1.3 高熵合金涂层制备方法

1.3.1 激光熔覆

（1）激光熔覆优势

激光熔覆技术（Laser Cladding，LC）是一种先进的表面改性技术，即利用激光热源在基材上熔化沉积一层无缺陷的保护层。相比于传统制备工艺，激光熔覆具有以下特点：

① 激光熔覆的热源能量密度高于传统热源，保证基材与涂层的熔合性良好；

② 激光熔覆的热源与基体之间的相互作用时间较短，保证基材在被熔化的同时，基体的稀释率也被控制在最低限度；

③ 激光熔覆的冷却速率和凝固速率较高，会使熔覆层产生细小的晶粒组织，通常这些组织会富含非平衡相的过饱和固溶体，限制元素的偏析；

④ 激光熔覆的能量是局部产生，因此激光熔覆适合作为一种小范围的修复工具，降低工件的失效，提高经济效益。

基于以上的特点，激光熔覆技术受到各个国家的青睐，在石油石化、航空航天、汽车制造、船舶的制造领域具有巨大潜力。

（2）激光工艺参数对于熔覆层的影响

在激光熔覆过程中，激光的高能量束会在基体上形成一个移动的熔池，通过调整激光功率、扫描速度、离焦量可以很好地控制熔池的深度，提高熔覆层的成型性能。因此，通过调整激光熔覆工艺参数是制备出成型良好熔覆层的必要条件。

目前，激光熔覆制备熔覆层的主要送粉方式分别是：预置粉末、同轴送粉和旁轴送粉。预置粉末法是将混合均匀的粉末预先铺在基体表面，再利用激光扫描，使粉末和基体快速熔合。预置粉末法由于操作简单、节约粉末，目前是激光熔覆主要使用的手段。同轴送粉和旁轴送粉均属于同步送粉法，其区别在于同轴送粉是送粉方向与激光方向一致，旁轴送粉是送粉方向与激光光源呈一定的角度。郭亚雄等人利用预置粉末的方式制备了 MC/AlCrFeNb$_3$MoTiW 复合涂层，MC 由 NbC、TiC、MoC、W$_2$C 组成。复合涂层经过 750℃ 的退火处理后，具有良好的抗软化能力。激光熔覆的不同送料方式如图 1-10 所示。

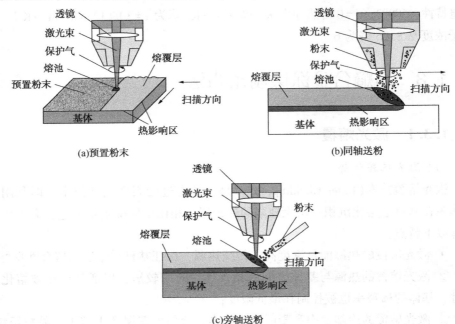

(a)预置粉末

(b)同轴送粉

(c)旁轴送粉

图 1-10　激光熔覆的不同送粉方式

与预置粉末法相比，同步送粉法在操作上更加具有优势，可以同时调节送粉速率与激光器，极大地提高激光熔覆的工作效率。许诠等通过同步送粉的方式，将采用雾化法获得的 (CoCrFeNi)$_{95}$Nb$_5$ 五元高熵合金粉体熔覆在 45 钢表面。熔覆涂层的元素比例与原始粉末相吻合，且涂层致密、无明显缺陷，表现出优异的耐腐蚀性能。但是，同步送粉法受限于送粉器，对于粉末的流动性具有一定的要求，如果粉末粒径过小，容易堵塞送粉管，影响激光熔覆的成型质量，进而降低熔覆层的力学性能。因此，选择合适的送粉方式是提高激光熔覆效率的重要手段。

就目前来看，实际工业生产中采用预置粉末的方式居多，主要是由于同步送粉的方式会造成一部分的熔覆粉末浪费，对材料的利用率较低。但采用预置粉末也存在弊端，如熔覆层宏观形貌较差，存在较大的稀释率，且会在一定程度上限制其厚度。另外，激光熔覆的工艺参数，如激光功率、扫描速率等，对熔覆层厚度、稀释率以及微观组织与形貌等有较大影响。因此，合理选用工艺参数决定熔覆层的形成质量。

高熵合金独特的晶体结构以及优异的性能都来源于其最基本的高熵效应，高混合熵可以增强涂层中各种元素的相互溶解度和缓慢的长程扩散，防止了相分离的发生。由于激光熔覆过程中超高的加热温度和超快的冷却速度，高熵合金涂层组织细小均匀。而且高熵合金的固有性质在一定程度上简化和限制了熔覆涂层的相组成，有助于保持单一固溶体，使熔覆层具有良好的机械和功能性能。

为了获得结构致密、结合良好的熔覆层，研究发现激光能量密度、光斑直径、扫描速度等工艺参数，是影响激光熔覆结构的主要因素。研究表明，在 Ni60a 中加入硬质相 SiC 可以改变熔覆层的硬度，当光斑直径出现变化，复合熔覆层的显微出现变化，通过调整光斑直径可以达到最优的工艺参数。激光功率的增加会导致熔池热输入量增加、熔化基材变多、稀释率升高、厚度增加，同时伴随着孔洞出现，降低熔覆层的力学性能。而过低的激光功率会降低熔覆层的搭接率，在搭接部位容易出现裂纹倾向。因此，合适的激光功率会降低熔覆层中的裂纹、孔洞等缺陷。

在其他工艺参数不变的情况下，激光的扫描速度也是影响熔覆层的重要参数。激光扫描速度的改变，会显著影响熔覆层内晶粒形貌的改变以及孔隙率的增减。在 316L 熔覆层中，增加扫描速度，使熔覆层内原先的等轴晶向板条晶转变，同时降低熔覆层内不连通的孔隙率，在二者共同耦合作用下增强熔覆层的耐磨性能。

综上所述，激光熔覆作为一种先进的表面改性技术，在一定程度上可以修复基体表面、降低经济成本、提高生产效率，但仍然存在一定的不足。同一种粉末，针对不同工艺参数，激光熔覆层的性能存在明显差异。因此，合理调控工艺参数获得冶金良好、无裂纹和孔洞的熔覆层，对工业发展具有实际指导意义。

1.3.2　热喷涂技术

热喷涂是将粉末、金属丝、棒状或悬浮物形式的原料送入喷枪，加热至熔融或接近熔融状态，并向基材推进，形成致密或功能性涂层，工作原理如图 1-11 所示。其主要包括大气等离子喷涂(APS)和超音速火焰喷涂(HVOF)等。

（1）大气等离子喷涂(APS)

大气等离子喷涂是适用性最广的热喷涂技术，对喷涂材料几乎没有任何限制。将原料(粉末或金属丝)引入等离子体流中，在等离子体流中发生完全或部分熔化，最终以层片状的形式沉积在基材上，具有随机分散的孔隙、氧化物相和层间裂纹。其中，气体流量、输入功率、载气流量、喷涂距离等主要参数对制备涂层的质量、密度和均匀性至关重要。李赞等人提出全局混沌高斯融合的海鸥算

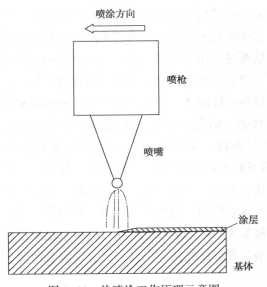

图 1-11　热喷涂工作原理示意图

法，并利用此算法得出最优参数，并在后续喷涂试验中所制备涂层的结合强度和显微硬度分别为 25.2MPa 和 616.8HV，与模型预测值相差不大。

由于 APS 是在大气环境条件下进行的，主要缺点是原料颗粒在飞行过程中发生氧化。APS 最适合制备孔隙率较小的含陶瓷涂层，以减少金属粉末的氧化。另外可使用惰性保护气体进行喷涂，或在真空与还原性大气中进行喷涂，但其生产成本会急剧增加。

（2）超音速火焰喷涂（HVOF）

超音速火焰喷涂（HVOF）将碳氢燃料（C_xH_y：通常为煤油、甲烷、丙烷等）与氧气混合后点燃，由此产生的温度和压力随后加热并加速原料颗粒向基板的移动，通过 Laval 喷嘴进一步加速颗粒，形成低孔隙率、低氧化物含量和高结合度的涂层。尽管颗粒温度低于等离子喷涂中的温度，但较高的速度会降低颗粒氧化的可能性，形成良好的致密涂层，其孔隙率可能小于 1%。

Hsu 等人通过 HVOF 喷涂制备了 $Ni_{0.2}Co_{0.6}Fe_{0.2}CrSi_{0.2}AlTi_{0.2}$ 高熵合金涂层，对其微观结构、机械性能和抗氧化性进行研究，并与 APS 制备的涂层进行了比较。结果表明，HVOF 涂层的喷涂温度更低，输出功率更高，呈现出较厚的层状结构和更少的氧化条纹。另外，热喷涂制备的高熵合金涂层硬度达到 800HV，耐磨性几乎是 SUJ2 轴承钢的两倍。

热喷涂技术虽然有界面结合强度高、沉积效率高、涂层材料稀释度低等优点，但是需要将涂层材料提前合金化，才能将合金材料的高熵效应有效地发挥出来。一般有混合、机械合金化和气雾化等方式，每种技术都会对粉末相和特性产生独特的影响，如颗粒大小和形态、合金化程度和均匀性以及流动性等，从而影响涂层整体的微观结构和性能。

1.3.3 磁控溅射

磁控溅射是物理气相沉积（Physical Vapor Deposition，PVD）的一种，基本原理为等离子体加速轰击靶材表面，靶材表面的原子转移到基体表面形成涂层，如图 1-12 所示。靶材的成分对沉积的高熵合金涂层的微观结构和力学性能有着至关重要的影响。Jnhansson 等人通过磁控溅射沉积了不同 Hf 含量的 HfNbTiVZr 高熵合金氮化物涂层。研究发现，沉积涂层中的相组成、柱状晶粒结构的大小和形状随 Hf 含量而变化，进而导致其硬度和弹性模量发生改变。

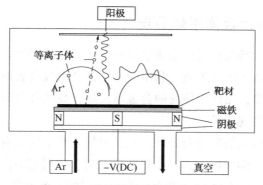

图 1-12 磁控溅射工作原理示意图

另外，磁控溅射条件，如 N_2/Ar 流量比（R_N）影响沉积涂层的结构、形貌和相组成，进而影响涂层的机械和功能性能。Ren 等人研究了（AlCrMnMoNiZr）N_x 高熵合金涂层的结构和机械性能，该涂层采用不同 R_N 值的反应磁控溅射。随着氮含量的增加，沉积的薄膜由非晶态和团簇结构转变为面心立方相和致密结构，如图 1-13 所示，从而使涂层的硬度和模量提高。

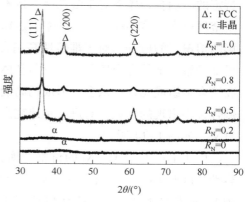

图 1-13 不同 R_N 值的 XRD 图谱

1.3.4　其他方法

其他传统制备涂层技术如电化学沉积、等离子熔覆、电火花沉积等在高熵合金领域也有一定应用。每种制备方法都有特定的优势与劣势，如电化学沉积可以在复杂几何形状的衬底上沉积高熵合金薄膜，并且可以在低加工温度和低能耗下进行，而等离子喷涂所制备的涂层中不可避免地出现裂纹等缺陷。根据特定的服役环境选用最适合的制备技术，一方面可以最大限度地发挥材料本身的良好特性；另一方面可以合理地利用各种制备技术的优点，规避其他技术所造成的不良影响。

1.4　高熵合金熔覆层耐磨研究现状

1.4.1　高熵合金体系熔覆层

材料的磨损失效是两种材料的接触面相互接触，由于剪切应力而导致表面不断被消耗，从而导致工件的失效。利用激光熔覆技术改良表面形态，是减少工件磨损失效的有效手段，相比于传统的合金熔覆层，高熵合金激光熔覆层由于四大效应，在耐磨性上表现优异。

除了选择特定体系的高熵合金外，在其中加入非金属元素也会影响高熵合金激光熔覆层的性能，例如加入 Si、C 和 B 等元素，会引起显微组织的细化，提升高熵合金熔覆层的硬度和强度，进而增强熔覆层的耐磨性能和机械性能。此外，特定的高熵合金体系对于激光熔覆技术的工艺要求也不一样。如果高熵合金中轻质金属过多，需要控制激光功率、送粉量避免熔覆过程中轻质金属的上浮，从而影响熔覆层的成分。对于难熔性高熵合金，需要增强激光功率和减缓扫描速度，保证难熔合金的完全熔化，以及与基体结合良好，形成均匀性熔覆层。因此由于高熵合金组成元素的众多，形成的高熵合金体系也不同，通过统计不同元素在高熵合金中出现的次数，对进一步研究高熵合金熔覆层的耐磨性能具有较高的指导意义，如图 1-14 所示。

由于 Fe、Cr、Al、Ni 的价格低廉，并且可以改善高熵合金熔覆层之间的相容性，因此 Fe、Cr、Al、Ni 是高熵合金中最常见的元素。通过改变 AlCoCrFeNi 中 Fe 元素的含量，可以改变熔覆层中(Al，Ni)相的析出，形成富 Fe-Cr 相和 Al-Ni 相，从而增加熔覆层的耐磨性能。在高熵合金中加入 Ni 元素，可以很好地改变熔覆层的耐蚀性能。然而当 Ni 元素超过一定阈值时，会导致熔覆层的脆性增加，降低其熔覆层的耐磨性能。由于 Al 元素的原子半径较大，会诱发高熵合金的晶格畸变，从而提高熔覆层的硬度。在 $AlMo_{0.5}NbFeTiMn_2$ 中，通过增加 Al 元素的含量，使得熔覆层从单相的 BCC 转变为双相的 FCC，增强熔覆层的固溶强化，降低熔覆层的磨损率，结果如图 1-15 所示。

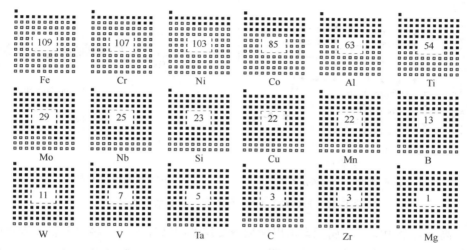

图 1-14　不同元素出现的次数

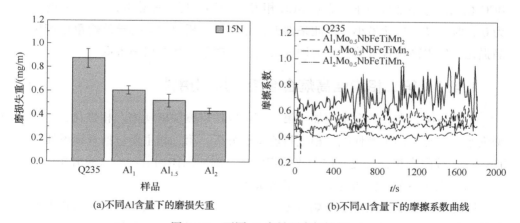

(a)不同Al含量下的磨损失重　　　　(b)不同Al含量下的摩擦系数曲线

图 1-15　不同 Al 含量下磨损性能

单一 BCC 相高熵合金熔覆硬度相对较低，因此耐磨性能相对较差。Ti 作为一种过渡金属，在高熵合金中加入 Ti 元素可以提高熔覆层的显微硬度，同时促进 $CoCr_{2.5}FeNi_2Ti_x$ 由原先的 BCC 相向 FCC 和 BCC 双相转变，增强高熵合金熔覆层的耐磨性能和耐蚀性能。Mo 元素在熔覆层中可以很好地溶解在 FCC 相中，形成富

Cr-Mo 相，从而增加熔覆层的显微硬度，降低熔覆层的磨损失重。在 FeCoCrNiAl 熔覆层中加入不同含量的 Nb 可以使熔覆层的物相由 BCC 向 FCC 转变，熔覆层的显微硬度与 Nb 的含量呈正态分布，在 Nb 为 0.5 时熔覆层的耐磨性最好，合理添加 Nb 可以降低熔覆层的磨损失重。

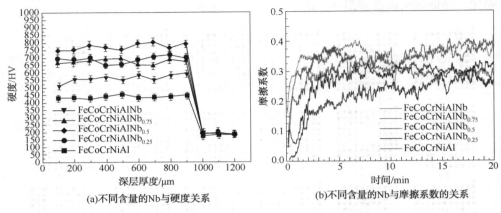

(a)不同含量的Nb与硬度关系　　(b)不同含量的Nb与摩擦系数的关系

图 1-16　FeCoCrNiAlNb$_x$ 与硬度、摩擦系数的关系

高熵合金中除了金属元素可以增加熔覆层的耐磨性外，一些非金属元素也能增加熔覆层的耐磨性能。研究表明，Si 会改变 AlCoCrFeNi 的相结构，Si 会替代 BCC 相固溶体中部分原子，影响 BCC 相发生偏移，促使晶格收缩，当 Si 的含量为 0.5 时，晶粒尺寸最小。在此条件下，晶界处会析出 $Cr_{23}C_6$ 导致熔覆层产生细晶强化，使得高熵合金熔覆层的硬度最高，摩擦系数和磨损率最低。

1.4.2　第二相增强高熵合金熔覆层耐磨性

研究表明，在高熵合金中加入第二相可以使熔覆层出现第二相强化，有效地增强激光熔覆层的耐磨性能。根据目前文献分析，第二相主要包括直接添加 TiC、TiN、SiC 等陶瓷相，通过原位合成的陶瓷相，添加固体润滑剂的自润滑相。

（1）直接添加陶瓷相增强熔覆层耐磨性

陶瓷相的硬度一般高于高熵合金，作为第二相加入高熵合金中，可以起到很好的钉扎效应，抑制晶粒的长大。同时，陶瓷相可以作为一种硬质相，显著增强熔覆层的硬度，从而降低熔覆层的耐磨性能。Yang 等人在 FeMnCrNiCo 熔覆层中加入 TiC 颗粒，并对其摩擦性能进行研究。结果表明，熔覆层中小颗粒的 TiC 降低晶粒形核能，以及在晶界处析出的晶粒阻碍晶界的移动，提高熔覆层的塑性变形能力，增强熔覆层的耐磨性能。周勇等人在 Q235 钢板上制备出了 AlCoCrFeNi+

TiC 复合熔覆层，保留大量的 TiC 硬质相，极大地提高熔覆层的硬度，使熔覆层的摩擦系数下降 33%，磨损失重下降 64%。Sun 等人通过添加（5/10/15/20）%（质量分数）的 TiC 颗粒，增强了 CrMnFeCoNi 高熵合金激光熔覆层的高温氧化和磨损性能，当 TiC 含量超过 10%（质量分数）时开始形成大尺寸的 TiC 颗粒，其结果如图 1-17 所示。TiC 和氧化物产生的复合保护膜提升了熔覆层在高温时磨损性能。随着 TiC 含量的增加，熔覆层的硬度和耐磨性能得到提升，其中 20%（质量分数）TiC 熔覆层硬度达到 362.5HV$_{0.3}$，耐磨性能最佳。

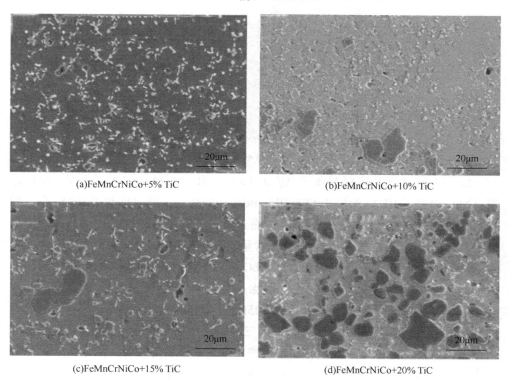

(a)FeMnCrNiCo+5% TiC　　　　　　　　(b)FeMnCrNiCo+10% TiC

(c)FeMnCrNiCo+15% TiC　　　　　　　　(d)FeMnCrNiCo+20% TiC

图 1-17　FeMnCrNiCo/TiC 复合涂层显微形貌

　WC 颗粒与金属具有良好的润湿性，在高熵合金中使用 WC 颗粒作为硬质相可以提升涂层的性能。李大艳等人研究了 WC 含量 [（0/10/15/20/25）%（质量分数）] 对于 AlCoCrFeNiNb$_{0.75}$ 熔覆层的组织及耐磨性能的影响，WC 的加入使熔覆层中的共晶组织减少，熔覆层硬度随着 WC 含量增加而升高，在 15%（质量分数）时达到极值 825HV。种振曾等人研究表明 5%（质量分数）纳米 WC 的添加使 AlCoCrFeNi 高熵合金熔覆层硬度从 500HV 提升至 600HV，摩擦系数从 0.8 降低至 0.6，WC 使熔覆层耐磨性能得到了提升。Peng 等人研究表明激光熔覆制备的

20%（质量分数）WC/FeCoCrNi 高熵合金涂层硬度是等离子熔覆涂层的两倍，并且摩擦系数更低，耐磨性更强。Ma 等人采用激光熔覆技术成功制备了无裂纹的60%（质量分数）WC 颗粒增强 FeCoNiCr 高熵合金复合涂层，其熔覆层截面形貌如图 1-18 所示，WC 以大颗粒形态分布于熔覆层中，WC 的添加使熔覆层的平均显微硬度达到了 506HV$_{0.05}$，磨损失重下降了两个数量级。

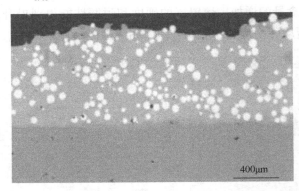

图 1-18　20%（质量分数）WC/FeCoCrNi 高熵合金复合涂层截面形貌

Li 等人通过激光熔覆制备了 AlCoCrFeNi+（10/20/30）%（质量分数）NbC 涂层，NbC 促进了 HEAs 涂层中 FCC 相向 BCC 相的转变，同时抑制了 HEAs 晶粒的生长，钉扎效应提升了 HEAs 的耐磨性能，NbC 含量在 20%（质量分数）时硬度最高（525HV）。此外 Li 等人研究了 NbC 含量对激光熔覆 Fe$_{50}$Mn$_{30}$Co$_{10}$Cr$_{10}$ 复合涂层力学性能的影响，结果表明纳米级的 NbC 可以限制枝晶的生长并促进柱状晶向等轴晶转变，随着 NbC 含量的增加，涂层的显微硬度和耐磨性显著提高，在30%（质量分数）时平均显微硬度达到 525HV，但也存在着 NbC 分布不均匀的问题。Sun 比较了直接添加 TiC/NbC/B$_4$C 三种碳化物对 CrMnFeCoNi 高熵合金激光熔覆层的摩擦性能，结果表明三种碳化物均改变了涂层的结构，但是 B$_4$C 受热分解未保留原始相，三者的加入均提升了熔覆层的耐磨性能。

Jiang 等人通过优化工艺参数制备出单一 BCC 固溶体和 TiC 的高熵合金复合熔覆层，熔覆层均匀且无裂纹，相比于纯高熵合金熔覆层，耐磨性能提高 4 倍。除了 TiC、SiC 这类硬质相，金刚石也是一种有效增强熔覆层硬度的第二相。金刚石在高熵合金熔覆层会产生一个坚硬的外层，从而有效地降低熔覆层的摩擦磨损系数。Fan 等人在 TC4 表面制备金刚石碳化高熵合金熔覆层，熔覆层结合良好，稀释率随金刚石的加入而降低，增强熔覆层的耐磨性能。

（2）原位合成第二相增强高熵合金熔覆层耐磨性能

直接掺杂第二相颗粒，虽然可以显著提高熔覆层的硬度和耐磨性，但对于激光工艺参数的要求较高，不合适的工艺参数可能会导致熔覆层内部裂纹、孔隙等缺陷增加，为了避免这一现象，研究者通过合成第二相来增强熔覆层的耐磨性能。原位合成法是指在激光熔覆时引入的硬质相构成元素，因其混合熔较低，在相的形成过程中合成硬质相。原位生成的硬质相颗粒通常具有纳米或微纳米的尺寸，并且硬质相颗粒与 HEAs 基相界面结合力更强，为熔覆层提供弥散强化和细晶强化，使熔覆层综合性能得到提升。原位合成形成的微纳米硬质相可以解决摩擦过程中硬质相颗粒脱落的问题，减轻对涂层和对磨副的磨削作用。目前原位合成的硬质相主要集中在碳化物、氮化物上。

Liang 等人在 AlCoCrCuNiTi 高熵合金熔覆层中，利用磁感应强度和激光熔覆合成 TiN，增强熔覆层的耐磨性。结果表明，合成的 TiN 呈十字定向阵列，同时熔覆层中存在(Ni，Co)Ti$_2$相，使得熔覆层的硬度保持在 760HV，获得优异的耐磨性能。Li 等人通过 AlCoCrFeNi 粉末混合 Ti 和 Cr$_3$C$_2$粉末，激光熔覆制备原位 TiC—AlCoCrFeNi 涂层，如图 1-19 所示。TiC 颗粒呈花样状，原位 TiC 颗粒大大地提高了 AlCoCrFeNi 涂层的硬度和耐磨性，熔覆层最高平均硬度为 877.8HV$_{0.3}$，较 AlCoCrFeNi 熔覆层提高了 77%。Liu 等人在 AlCoCrFeNiTi$_x$中采用激光熔覆成功原位合成了 TiC 颗粒，获得了 TiC 体积分数最高为 2.6%的高熵合金熔覆层。TiC 以微纳米颗粒形式存在，通过固溶强化、弥散强化和细晶强化的作用强化熔覆层，使其平均微硬度最高达到了 860.1HV$_{0.3}$。Lian 等人则研究了 C/Ti 摩尔比及工艺参数对于激光熔覆原位合成 TiC 性能及成形的影响，结果表明低的 C/Ti 摩尔比使 TiC 以枝晶形式存在于熔覆层中，C/Ti 摩尔比相近且 C 过剩时，生成的 TiC 颗粒形貌为花瓣状和球形，并且形成尺寸更细且更多的 TiC。Yu 等人在激光

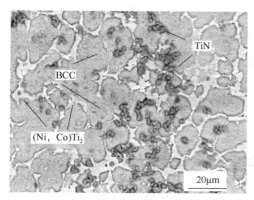
(a)磁感应强度为0T

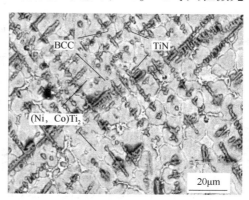
(b)磁感应强度为1T

图 1-19 熔覆合成 TiN 与磁感应强度的关系

熔覆原位合成 TiC 和 Mo 增强 AlCoCrFeNi 基高熵合金时发现，Ti 和 C 元素含量的改变会影响原位生成 TiC 颗粒的形态，使之呈现出近球形、花状、树枝状和小平面等轴晶体四种形态。

除了合成 TiN，TiC 的原位合成也会对高熵合金熔覆层有显著影响。Ya 等人在 CoCrCuFeNiSi$_{0.2}$ 中加入 Ti 和 C 合成 TiC。研究发现，原位合成 TiC 后熔覆层的物相由 FCC 转变为 BCC+FCC。此外，熔覆层的微观结构由典型的枝晶组成，原位合成的 TiC 主要分布在晶界处，相比于未合成的 TiC 熔覆层，耐磨性能提高近 1 倍。Hao 等人在 AIS1045 钢表面制备原位 TiC-AlCoCrFeNiTi 高熵合金熔覆层。结果表明，由于合成的 TiC 粒径较小，Ti 元素更容易溶于 Al-Ni 相并细化晶粒，增加熔覆层的显微硬度，从而降低磨损率。Zhao 等人在 AlCoCrFeNi 熔覆层中合成 TiC，同时掺杂 Mo 原子增强晶格畸变，使耐磨性能提高 3.14 倍。如图 1-20、图 1-21 所示。

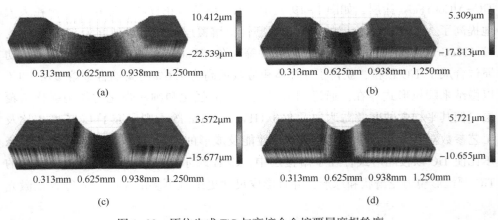

图 1-20　原位生成 TiC 与高熵合金熔覆层磨损轮廓

原位合成的硬质相颗粒尺寸更小，对于熔覆层的第二相强化、钉扎效应效果更加显著，在涂层中的分布更加均匀，并且与高熵合金的结合强度更大，减少了摩擦过程中硬质相脱落的问题，但存在着原位合成的硬质相含量不足、硬度和耐磨性能提升有限等问题。

1.4.3　固体润滑剂增强高熵合金耐磨性能

在熔覆层中原位生成的硬质相数量不固定、分布随机、尺寸较小，在摩擦磨损过程中可能会达不到预期的要求。润滑剂在工业中具有广泛的应用，而固体润滑剂在高温重载等极端条件下比液态传统润滑剂具有更优秀的减磨效果。固体润

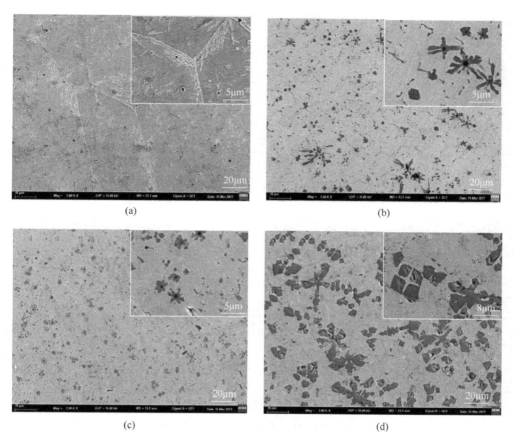

(a)　(b)　(c)　(d)

图 1-21　原位合成 TiC/AlCoCrFeNi 复合涂层显微形貌

滑剂分为无机固体润滑剂和有机固体润滑剂两类。无机固体润滑剂主要包括硫化物（MoS_2、WS_2）、氟化物（CaF_2、BaF_2、TiF_3）、氧化物（Al_2O_3）、软金属（Ag、Pb）以及石墨、h-BN、$SrSO_4$ 等，有机固体润滑剂包括 PTFE、PE 等。因此，选择固体润滑剂作为自润滑相，可以缓解上述问题。MoS_2 自润滑熔覆层显微形貌如图 1-22 所示。

目前，石墨烯、碳纳米管、TiB_2 等固体润滑剂，由于具有独特的层状结构，以及强共价键和弱范德华力直接的相互作用，在熔覆层可以表现出优异的性能，降低摩擦系数。激光熔覆制备金属基涂层时添加固体润滑剂，通过固体润滑剂保留或生成新的润滑相并分布于涂层中构成自润滑相。随着摩擦磨损的进行，润滑相暴露于涂层和对摩副之间，在涂层摩擦过程中产生"自润滑"效果，进而降摩减磨，起到增加摩擦磨损寿命的作用。

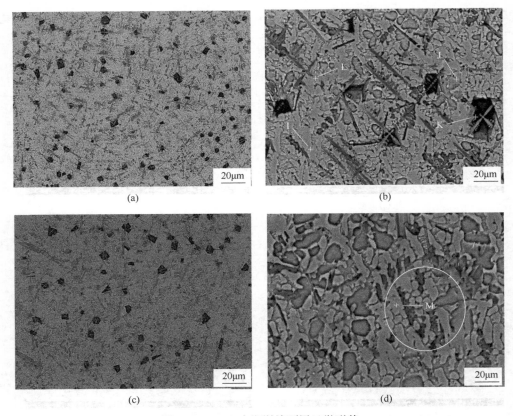

图 1-22　MoS_2自润滑熔覆层显微形貌

　　王权等人制备了 Ni60/Cu 自润滑激光熔覆层。摩擦试验结果表明，润滑相 Cu 使熔覆层的摩擦系数下降至 0.409（45#基体为 0.705），并在 600℃具有明显的减磨效果，然而 Cu 的增加会导致熔覆层硬度下降。Dewika 等人发现在低载荷条件下，加入石墨可以抑制摩擦曲线的上下波动，从而增强熔覆层的耐磨性能。Geng 等人研究层状 h-Bn 和 Ag 对于 CoCrFeNiAl 高熵合金在高温情况下的耐磨性能。结果表明，层状 h-Bn 和 Ag 在 600℃下形成相应的润滑膜抑制摩擦界面的氧化，降低磨损表面的磨粒磨损和氧化磨损。

　　王港等人研究了自润滑相 Ti_3SiC_2 对激光熔覆层的影响。结果表明，随着 Ti_3SiC_2 的增加，不仅涂层的摩擦系数得到降低，而且硬度得到提升。其原因是 Ti_3SiC_2 的增多，不仅引入了更多的自润滑相，还在激光作用下合成了硬质相 TiC。Qu 等人研究了 MoS_2 含量对 Ti_6Al_4V 基体激光熔覆层组织及磨损行为的影响。结果表明，当 MoS_2 含量超过 6%（质量分数），涂层中将产生新的自润滑相 TiS_2，并显著降低摩擦系数，有效提升了钛合金的耐磨性。韩雪等人则通过添加 La_2O_3 提升了 MoS_2 自润滑复合涂层的硬度，缓和了 MoS_2 导致的硬度降低，提升了摩擦磨损性能。张天刚等人研究了镍包石墨作为自润滑相对钛合金激光熔覆的影响，镍包石墨具有降低涂层摩擦系数的作用，但是过量的镍包石墨会使涂层硬度和耐磨性降低，需要通过硬质相的加入或原位合成来缓和涂层硬度与耐磨性降低的问题。

MoS_2 作为一种典型的固体润滑剂，由于其独特的层状结构，在降磨减阻方面具有良好的效果。Sid 等人发现 MoS_2 可以提高 $Al_{11}Si_2CuFe$ 的耐磨性能，磨损机制主要以磨粒磨损、分层磨损和氧化磨损为主。Torres 等人利用激光熔覆技术制备 Ag 包覆 MoS_2，结果如图 1-23 所示。结果表明，相比于传统的熔覆层，具有 Ag 包裹的 MoS_2 熔覆层在高温条件下具有更好的耐磨性能。

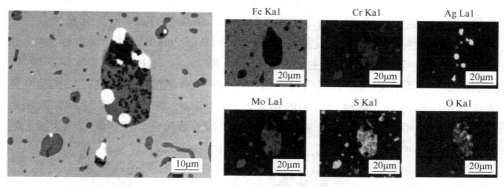

图 1-23　Ag-MoS_2 自润滑相元素分布

在制备激光熔覆层时加入固体润滑相，可以降低熔覆层的摩擦系数从而减缓磨损。并且在熔覆过程中自润滑相受激光的热作用分解时，可以与基体中的元素发生反应生成新的润滑相和硬质相，进一步提升熔覆层的耐磨性能。对于大部分自润滑相而言，其熔点较低，极易在激光的高能量密度下受热分解，难以在涂层中保留初始润滑相。此外，初始润滑相受热分解后也可能与基体元素形成的对于涂层耐磨性能具有负面作用的新相，并且过量的润滑相会产生气孔、裂纹等缺陷，以及熔覆层硬度下降等问题。目前利用镍金属包覆润滑相，可以减弱激光对于润滑相的热分解作用，但仍存在润滑相密度失配产生分布不均匀等问题。

第 2 章　AlCoCrFeNi 微观结构与耐磨耐蚀性能

2.1　AlCoCrFeNi 激光熔覆层制备

2.1.1　激光熔覆层的制备方法

目前激光熔覆制备熔覆层主要包括预置粉末、同轴送粉和旁轴送粉。图 2-1 是激光熔覆示意图。本章节选用旁轴送粉式激光熔覆器制备不同工艺高熵合金熔覆层。旁轴送粉式激光熔覆设备型号为 JHM-1GX-3000P，激光器型号为 YLS-3000 光纤型，激光熔覆系统主要由送粉管、激光器、水冷机、气体保护装置、控制器组成。激光熔覆前，利用角磨机将 Q345 打磨平整，使用喷砂机去除基体表面氧化层与污渍。将混合均匀的粉末放入烘箱中，在 110℃ 保温 3h，随用随取，避免空气中的水渍增加粉末湿度。为避免熔池被氧化，选用氩气作为激光熔覆过程中的保护气与粉末载气，气体流量为 10L/min。

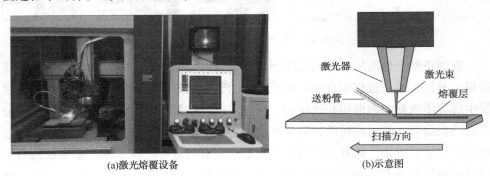

(a)激光熔覆设备　　　　　　　　　　　(b)示意图

图 2-1　激光熔覆设备与示意图

2.1.2　基体材料制备

本章节针对油田上压力容器、石油管道使用的低合金钢 Q345 作为研究材料，开展激光熔覆制备耐磨熔覆层研究。试验所需的基体材料是 Q345，尺寸大小为 200mm×150mm×10mm，化学成分如表 2-1 所示。

表 2-1　Q345 钢的化学成分

元素	C	Si	Mn	P	S	Cu	Fe
含量/%（质量分数）	0.18	0.35	1.2	0.02	0.015	0.02	余量

2.1.3　高熵合金粉末表征

目前使用的高熵合金粉末为 AlCoCrFeNi，粉末形貌如图 2-2 所示，粉末元素含量如表 2-2 所示。本研究使用的高熵合金粉末由山东某公司生产，粉末粒径为 45~105μm。粉末呈实心球形，表面光滑，有少量的卫星球粘连。AlCoCrFeNi 高熵合金粉末由真空雾化法制备，各元素的摩尔比为 1∶1。

　　　　　　　　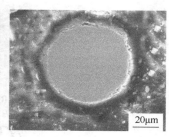

(a)低倍　　　　　　　　　　(b)高倍　　　　　　　　　　(c)截面

图 2-2　AlCoCrFeNi 高熵合金粉末形貌

表 2-2　高熵合金粉末元素含量

元素	Al	Co	Cr	Fe	Ni
含量/%（质量分数）	10.71	24.51	20.37	21.56	22.85

2.1.4　涂层性能表征

目前针对激光熔覆层性能表征主要基于线切割后的金相试样。激光熔覆完成后，采用线切割制备金相试样（5mm×8mm×10mm）、X 射线衍射试样（10mm×10mm×10mm）、摩擦磨损试样（φ4.8mm×10mm）和电化学试样（10mm×10mm×10mm）。金相试样通过金相镶样机进行镶嵌，选择熔覆面截面作为观察部分放入镶嵌机中，制出圆柱体金相试样。然后分别用#120~#2000 的砂纸对金相表面进行打磨并抛光，通过金相显微镜进行观察以保证涂层表面洁净，无明显划痕。将 X 射线衍射、摩擦磨损和电化学试样表面通过砂纸进行打磨，使其平整无熔覆痕迹。

（1）X 射线衍射分析

采用 XRD-6000 型 X 射线衍射仪（XRD），如图 2-3 所示，对涂层进行物相组成分析。测试参数为 Cu 靶（kα1 波长=0.15408nm），工作电压为 40kV，工作电流为30mA，扫描角度为20°~90°，扫描速度为8°/min。通过XRD可初步分析熔覆层的物相组成。

（2）涂层显微组织分析

采用VEGA Ⅱ XMU型扫描电镜（SEM）对各涂层的微观形貌以及摩擦磨损后的表面形貌进行观察，并通过扫描电镜附带的OXFORD能谱仪（EDS）进行微区成分分析。试验设备如图2-4所示。

图2-3　岛津X射线衍射仪XRD-6000

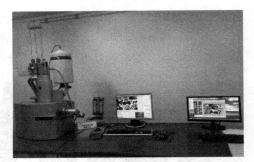

图2-4　VEGA Ⅱ XMU型扫描电镜

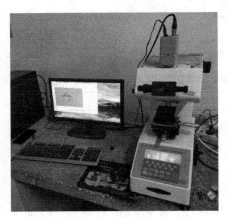

图2-5　HRD-1000TMC/LCD型
显微硬度计

（3）涂层硬度分析

采用HRD-1000TMC/LCD型显微硬度计测量熔覆层截面的显微硬度，如图2-5所示，沿着熔覆试样纵截面，从熔覆层顶部一直测量到基体，试验载荷为300g，加载时间为15s。在同一深度处测试3个点的显微硬度取平均值并记录，测试间隔距离为0.1mm。

（4）涂层摩擦磨损性能

采用MMX-3G型多功能摩擦磨损试验机中的销盘摩擦磨损对熔覆层的耐磨性进行测量。磨损试样为销，摩擦副的材质为45#钢。转速为100r/min，载荷为40N，试验时间为30min，在磨损前后进行超声清洗，并通过高精度天平测量磨损前后的质量来计算磨损失重。图2-6为销盘式摩擦磨损示意图。

（5）涂层耐蚀性能

将电化学试样待测面的背面通过焊接与铜线连接，放置在冷镶模具中，通过环氧树脂进行密封，凝固成型后待用。配制质量分数为3.5%的NaCl溶液作试验溶液。电化学测试采用科斯特电化学工作站三电极体系，参比电极为Ag/AgCl电极，辅助电极为铂电极，试样面积 $1cm^2$。电化学工作站如图 2-7 所示，首先测试试样开路电位，待电位相对稳定后，测试阻抗，其参数为交流幅值 10mV，测试频率 $10^{-2} \sim 10^5Hz$。最后测试动电位扫描，其参数为初始电位 -0.8V，终止电位 1.2V，扫描速率 1mV/s。

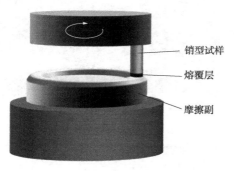

图 2-6　销盘式摩擦磨损示意图

图 2-7　电化学测试系统

2.2　高熵合金涂层的微观形貌

2.2.1　截面微观形貌与涂层成分

目前合理的制备工艺有利于高熵合金涂层组织均匀，内部致密性良好，无裂纹、气孔等缺陷，元素分布均匀，提高熵合金涂层的质量和稳定性。这有助于高熵合金涂层获得比传统涂层更好的性能，若参数选用不当会导致涂层出现不可避免的缺陷。

激光熔覆主要的工艺参数包括激光功率、扫描速率、光斑尺寸、送粉速率、搭接率和焦距等。其中，激光功率对熔覆涂层的微观结构和性能有着至关重要的作用。激光功率过大，会导致粉末出现过烧现象以及涂层内部形成微裂纹；反之，激光功率太小，在熔覆过程中会出现未熔化粉末，导致涂层内部存在气孔等缺陷，表面粗糙不平，影响涂层质量。采用不同的激光功率在 H13 钢上熔覆了 CoCrFeNiSi 高熵合金涂层。涂层底部为树枝晶，上部为非晶态，且非晶含量取决于激光功率。涂层中的非晶含量越高，显微硬度越高，耐磨性和耐腐蚀性越好。另外，激光功率通过改变热输入会影响稀释率和实际冷却率。

图 2-8 为不同激光功率下 AlCoCrFeNi 高熵合金涂层的微观形貌与成分。由图 2-8(a)、图 2-8(b)可看出，激光功率为 700W 的涂层整体厚度不均匀，内部组织较为致密，无裂纹缺陷，但存在明显的气孔。由图 2-8(c)~图 2-8(f)可看出，

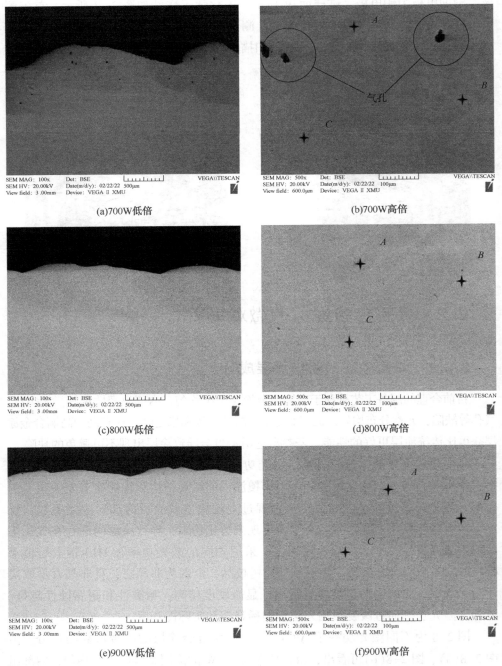

图 2-8　不同激光功率下高熵合金涂层截面形貌

随着激光功率的增加，涂层逐渐平整，且气孔逐渐变小消失。各高熵合金涂层底部与基体过渡自然，有明显的结合区域。激光功率为700W的高熵合金涂层存在不同颜色衬度的相，而800W和900W的高熵合金涂层均由单一的灰色衬度相组成。通过观察对比可以发现，随着功率的增大，熔覆层的厚度也不断增加，其平均厚度分别约为560μm、670μm、850μm。这是由于热输入的增加导致了熔池的增大，更多的基体与熔覆粉末熔化结合，形成更厚的涂层。

表2-3为不同激光功率下AlCoCrFeNi高熵合金涂层点扫结果。AlCoCrFeNi高熵合金涂层各区域除Fe元素含量外，其余各种元素含量相差不大，原子比接近1∶1，与原始高熵合金粉末相一致。Fe元素含量较原始粉末高，主要是由于在激光熔覆过程中基体中的Fe元素过渡到涂层之中。激光功率为700W和800W的高熵合金涂层各区域元素含量接近，而激光功率为900W的高熵合金涂层各区域中的Al元素含量偏高。由于Al原子半径较大，会导致严重的晶格畸变，因此Al元素含量增加会提升合金的硬度与强韧性。

表 2-3　不同激光功率下高熵合金涂层各区域点扫　　%（质量分数）

激光功率	区域	Al	Co	Cr	Fe	Ni
700W	A	6.95	18.57	16.51	37.14	20.84
	B	6.52	18.83	16.72	37.15	20.78
	C	7.18	19.21	16.49	39.00	18.13
800W	A	6.92	16.32	14.86	46.56	15.35
	B	6.98	16.12	15.07	43.11	15.78
	C	5.31	17.08	14.31	46.30	16.99
900W	A	8.03	17.22	15.52	41.51	17.73
	B	7.31	18.29	15.47	40.58	18.36
	C	7.61	18.36	15.21	40.86	17.96

图2-9为不同激光功率下AlCoCrFeNi高熵合金涂层局部面扫图。由图可以看出，激光功率为700W的高熵合金涂层中Ni、Co分布不均匀，而其他元素分布相对均匀。随着激光功率的增加，Ni、Co两种元素的分布逐渐均匀。另外，由能谱结果可知，除Fe元素外，各元素原子比接近1∶1，且Al元素含量较其他元素含量偏低，这与原始高熵合金粉末相一致。值得注意的是，Ni、Co两种元素对涂层的耐蚀性有显著影响，而激光功率低时，这两种元素的分布相对较差，可能会导致高熵合金涂层的耐蚀性有所下降。

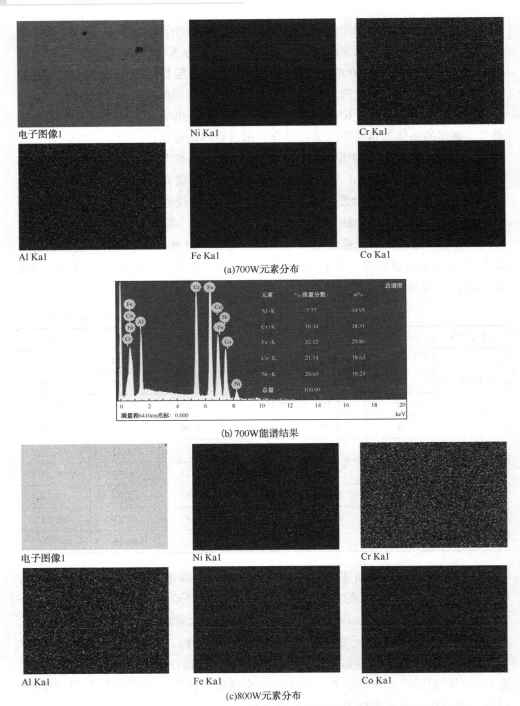

(a)700W元素分布

(b)700W能谱结果

(c)800W元素分布

图2-9 不同激光功率下高熵合金涂层局部面扫

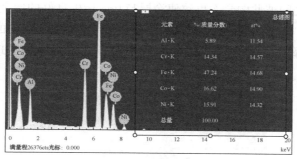

(d) 800W能谱结果

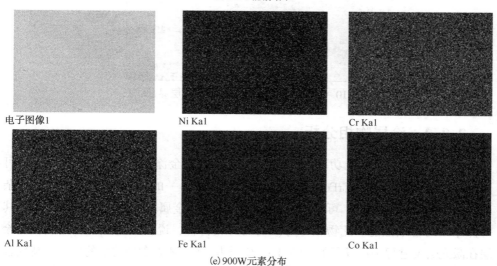

(e) 900W元素分布

(f) 900W能谱结果

图 2-9　不同激光功率下高熵合金涂层局部面扫(续)

　　图 2-10 为激光功率 900W 下 AlCoCrFeNi 高熵合金涂层与基体界面处的元素分布图。由图可以看出，涂层与基体结合良好，且涂层与基体之间存在一个明显的元素过渡区域。这是由于在熔覆过程中，高能激光导致基体表面形成熔池，熔

覆粉末与基体之间彼此融合，也致使涂层与基体衍生良好的冶金结合。另外，高熵合金涂层中 Fe 元素曲线较高，这表明熔覆过程中 Q235 钢中的 Fe 元素进入了涂层，这也解释了高熵合金涂层局部面扫中 Fe 元素含量偏高的现象。

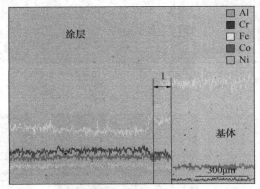

图 2-10　激光功率 900W 高熵合金涂层界面线扫

2.2.2　涂层物相分析

图 2-11 为不同激光功率下 AlCoCrFeNi 高熵合金涂层的 XRD 图谱。由图可知，各激光功率下 AlCoCrFeNi 高熵合金涂层均由单一的 BCC 相组成，没有复杂的金属间化合物的出现，可见高熵效应抑制了复杂金属间化合物的析出，避免其降低涂层的各项性能。此物相峰与(Fe，Cr)相符合，说明 AlCoCrFeNi 高熵合金涂层在激光熔覆过程中形成了单一的(Fe，Cr)固溶体。随着激光功率的增加，高熵合金涂层(Fe，Cr)相固溶体中的(110)晶面对应的衍射峰强度逐渐增强，但衍射峰对应的 2θ 位置相差不大。这表明随着激光功率的增加，物相的晶化程度逐渐增加。

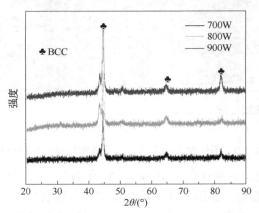

图 2-11　为不同激光功率下高熵合金涂层的 XRD 图谱

2.3　涂层耐蚀耐磨性能

2.3.1　涂层硬度

图 2-12 为不同激光功率下 AlCoCrFeNi 高熵合金涂层截面显微硬度曲线。由图可看出，涂层与基体的显微硬度相对稳定，而过渡区下降较快。激光功率为700W 的高熵合金涂层整体显微硬度波动幅度较大。随着激光功率的增加，曲线逐步趋于平滑且起伏渐缓。激光功率为 900W 的高熵合金涂层整体显微硬度值相差不大，且相对稳定。主要原因是激光功率为 700W 和 800W 时，输入能量较低，导致涂层显微组织分布散乱。随着激光功率增加，熔覆粉末熔化更均匀，涂层显微组织相对均一，显微硬度更加稳定。

激光功率 700W、800W 和 900W 的高熵合金涂层平均硬度值分别约为449HV$_{0.3}$、443HV$_{0.3}$、457HV$_{0.3}$。相比基体(180HV$_{0.3}$)，高熵合金涂层的硬度显著提升。激光功率为 700W 和 800W 的高熵合金涂层硬度接近，而 900W 的涂层中的 Al 含量相对偏高，导致其平均硬度有所增加。当激光功率为 900W 时，高熵合金涂层的最高显微硬度达到 470HV$_{0.3}$，约为基体硬度的 2.6 倍。

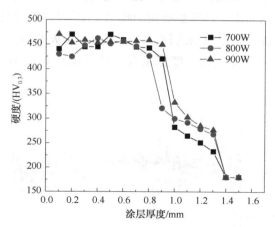

图 2-12　不同激光功率下高熵合金涂层截面显微硬度曲线

从不同功率下的 AlCoCrFeNi 高熵合金涂层的显微硬度来看，AlCoCrFeNi 高熵合金涂层远优于基体。一方面高熵合金涂层均为单一的 BCC 相结构，而 BCC相本身具有较高的硬度。一些实验通过调控某个合金元素的占比多少，来增加涂层中 BCC 相的体积分数从而提高涂层的性能。另一方面激光熔覆这一工艺具有

"淬火"的效果，并且随着激光功率的增加，涂层组织各元素分布更加均匀，显微硬度更加稳定。

2.3.2 涂层摩擦磨损性能

表 2-4 为不同激光功率下 AlCoCrFeNi 高熵合金涂层的磨损数据。激光功率为 700W、800W 和 900W 的高熵合金涂层的磨损失重分别为 29.1mg、31.4mg、27.9mg。可以看出，在相同磨损条件下，各激光功率涂层磨损失重相差不多。激光功率为 900W 时，高熵合金涂层体积磨损率相对较小，表现出较好的耐磨性能。

表 2-4　不同激光功率下高熵合金涂层的磨损数据

激光功率/W	磨损质量/mg	磨损体积/mm³	体积磨损率/($\times 10^{-1}$ mm³/min)
700	29.1	4.33	1.44
800	31.4	4.67	1.56
900	27.9	4.15	1.38

图 2-13 为不同激光功率下 AlCoCrFeNi 高熵合金涂层的摩擦系数曲线。从图中能明显看到，各摩擦系数曲线从起始位置急剧上升，到 180s 趋于稳定后，不存在大范围波动。这是由于在摩擦磨损的瞬间，试样与对磨材料接触产生极大的摩擦系数。随着摩擦磨损过程的进行，试样表面逐步被破坏，与对磨材料接触更加紧密，直到不发生明显变化，摩擦系数起伏范围相对较小，呈现出一定的周期性。

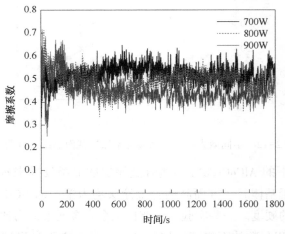

图 2-13　不同激光功率下高熵合金涂层的摩擦系数曲线

　　激光功率为 700W、800W 和 900W 的 AlCoCrFeNi 高熵合金涂层的平均摩擦系数值分别约为 0.52、0.49、0.45。另外，由图可以看出，激光功率为 800W 的高熵合金涂层在 400s 时出现大幅降低，致使其平均摩擦系数较 700W 的涂层有所降低。各激光功率下高熵合金涂层的摩擦系数变化不大，900W 的涂层显示出最低的摩擦系数值。

　　图 2-14 为不同激光功率下 AlCoCrFeNi 高熵合金涂层的磨损形貌。激光功率为 700W 和 800W 的高熵合金涂层磨损表面有明显的划痕与剥落。各涂层均存在磨屑，但数量较少，这主要得益于销盘倒易结构，使磨屑难以附着。激光功率为 900W 的高熵合金涂层平行划痕减弱，且未发现大面积剥落现象。这是由于在摩擦磨损过程中涂层的硬度相对较低，无硬质相，塑性较好。根据涂层磨损表面形貌分析，高熵合金涂层在磨损过程中发生了磨粒磨损。

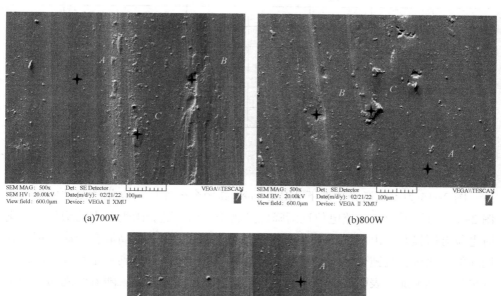

(a)700W　　　　　　(b)800W

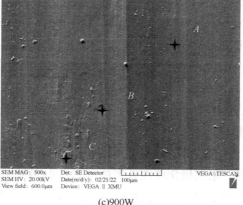

(c)900W

图 2-14　不同激光功率下高熵合金涂层的磨损形貌

表2-5为不同激光功率下 AlCoCrFeNi 高熵合金涂层磨损形貌点扫结果。各激光功率涂层 A、B 区域的元素含量与熔覆态涂层相差不大。而 C 区域中，高熵合金涂层元素均出现了 O 元素，且 Fe 元素含量较 A、B 区域偏多，说明磨屑一部分来源于对磨材料 45 钢。综上所述，不同激光功率下高熵合金涂层在磨损过程中发生了黏着磨损、磨粒磨损和氧化磨损。根据磨损失重，磨损体积，摩擦系数及磨损形貌等分析，激光功率为 900W 时，高熵合金涂层表现出较好的耐磨性能。

表 2-5   不同激光功率下高熵合金涂层磨损区域点扫结果   %(质量分数)

激光功率	区域	Al	Co	Cr	Fe	Ni	O
700W	A	7.80	21.47	18.24	31.85	20.63	—
	B	7.49	21.21	18.95	31.86	20.49	—
	C	6.25	16.4	14.72	45.75	17.62	5.43
800W	A	5.92	16.78	14.72	45.78	16.80	—
	B	4.82	16.24	14.27	50.14	14.53	—
	C	4.24	10.17	9.15	63.49	9.38	3.49
900W	A	7.47	18.73	16.95	39.10	17.74	—
	B	7.00	18.46	16.09	40.05	18.40	—
	C	4.78	11.87	11.58	54.91	12.33	4.53

2.3.3   涂层的耐蚀性能

图 2-15 为不同激光功率下 AlCoCrFeNi 高熵合金涂层的电化学测试曲线。由图 2-15(a)可看出，开路电位逐渐降低且趋于平衡，随着激光功率的增加，平衡时电位有所提升。由图 2-15(b)可以看出不同激光功率下的高熵合金涂层都存在明显的钝化区，且钝化区宽度相差不大。直到电压逐渐升高到一定程度，电流密度出现急剧增加，表明保护性氧化膜破裂或形成点蚀。另外，随着激光功率的增加，高熵合金涂层的钝化电流密度相差不大，而临界点蚀电位略有下降，表明各涂层钝化膜的保护性以及耐局部腐蚀的能力大致相同。

表 2-6 为各涂层的自腐蚀电压(E_{corr})、自腐蚀电流密度(I_{corr})。由表 2-6 可知，随着激光功率的逐渐增大，自腐蚀电压的值分别为 $-0.58516V$、$-0.52871V$、$-0.52431V$。可以看出自腐蚀电压出现逐渐正移的趋势，且激光功率 800W 和 900W 的 E_{corr} 比较接近。采用极化曲线外推法可获得不同激光功率下高熵合金涂层的 I_{corr}，分别为 $1.0117\times10^{-4}A \cdot cm^{-2}$、$5.4024\times10^{-5}A \cdot cm^{-2}$、$3.9363\times10^{-5}A \cdot cm^{-2}$，其趋势与 E_{corr} 相反，即逐渐减小。相比于激光功率为 800W 的高熵合金涂层，900W

的 I_{corr} 降低了 58%。由此可知，随着激光功率增加，高熵合金涂层 E_{corr} 升高、I_{corr} 降低，表明在 3.5%(质量分数)NaCl 水溶液中高熵合金涂层的耐均匀腐蚀性能升高。

表 2-6　不同激光功率高熵合金涂层的电化学参数

激光功率/W	E_{corr}/V	I_{corr}/($\times10^{-5}$ A/cm^2)
700	-0.58516	10.117
800	-0.52871	5.4024
900	-0.52431	3.9363

图 2-15(c)为在室温 3.5%(质量分数)NaCl 水溶液中测得的不同激光功率下 AlCoCrFeNi 高熵合金涂层的 Nyquist 图。可以看出，随着激光功率的增加，半圆形弧线的直径变大。由此可知，高熵合金涂层在 3.5%(质量分数)NaCl 水溶液中的耐蚀性能随激光功率的增加而有所提升，且 800W 和 900W 的高熵合金涂层相差不大。

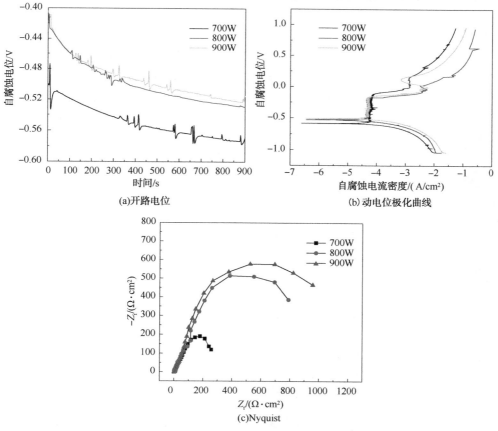

(a)开路电位　　(b)动电位极化曲线

(c)Nyquist

图 2-15　不同激光功率下高熵合金涂层电化学测试曲线

　　高熵合金涂层的耐蚀性与其微观结构、元素和钝化成分密不可分。首先，AlCoCrFeNi 高熵合金涂层基于高熵效应，形成单一的 BCC 固溶体，从而削弱了电偶腐蚀对涂层的破坏作用，提高涂层的耐蚀性。Dou 等人制备了不同厚度的 FeAl-CoCuNiV 涂层，均由单一的 FCC 固溶体构成。涂层在酸碱和盐腐蚀介质中均表现出比 201 不锈钢更好的耐腐蚀性能，这归因于简单的 FCC 相结构不存在偏析，以及涂层中含有 Co、Cr、Ni 等耐腐蚀元素。其次，高熵合金中的 Ni、Cr 元素本身具备良好的耐腐蚀性能，彼此之间还存在强结合，有效减少涂层在腐蚀环境中的损伤，从而提高涂层的耐腐蚀性能。此外，激光功率较小时，粉末未完全熔化，流动性不高，形成的熔池质量偏低，显微组织之间成分有所差别。随着激光功率的增加，高熵合金涂层微观结构和成分分布得以改善，尤其是 Ni、Co 元素，以致耐腐蚀能力随之提升。最后，激光功率为 700W 的高熵合金涂层平整度较差，内部存在明显气孔缺陷，这对耐腐蚀能力存在一定不良影响。

第3章 TiC增强AlCoCrFeNi高熵合金耐磨性能

3.1 TiC与高熵合金粉末配比

3.1.1 TiC粉末表征

各种陶瓷颗粒广泛应用于增强传统合金力学性能等方面。其中，TiC熔点（3140±90）℃，沸点4820℃，相对密度4.93，硬度大于9，因其高弹性模量、极高硬度、低密度和优异的耐磨性而成为一种优秀的陶瓷增强体。本章节选用的TiC粉末表面形貌如图3-1所示。与高熵合金粉末不同，TiC粉末呈现不规则形状，且含有微米+纳米两个尺度的颗粒。由于表面能的作用，纳米小颗粒吸附在大颗粒的表面。微米级粉末颗粒尺寸为1~45μm。

(a)低倍   (b)高倍

图3-1 TiC粉末表面形貌

3.1.2 粉末混合

（1）机械混合TiC/AlCoCrFeNi粉末制备复合熔覆层

目前机械混合主要使用行星式球磨机进行混粉，具体步骤如下。将TiC/

AlCoCrFeNi 粉末分别通过电子天平按照质量比 1∶1 配制，称重后的粉末通过球磨机进行混合。试验设备如图 3-2 所示，本文选用容积为 400mL 的球磨罐，其材质为不锈钢（1Cr18Ni9Ti）。试验参数为球料比 8∶1，转速 200r/min，时间 30min。机械混合 TiC/AlCoCrFeNi 复合涂层通过同步送粉的方式进行多道熔覆去制备涂层。

图 3-2　行星式球磨机

（2）机械合金化 TiC/AlCoCrFeNi 粉末制备熔覆层

目前机械合金化粉末主要通过行星式球磨机进行制备，具体步骤如下。将 TiC/AlCoCrFeNi 粉末分别通过电子天平按照质量比 1∶1 配制，称重后的粉末通过行星式球磨机进行机械合金化。试验参数为球料比 8∶1，转速 300r/min。

由于 TiC/AlCoCrFeNi 机械合金化粉末流动性极差，只能采用预置粉末的方式制备涂层。由于预置粉末太厚时裂缝等缺陷会急剧增加，因此，预置的机械合金化粉末厚度约为 1.2mm。通过激光器在预置粉末后的基体表面进行多道熔覆，制备机械合金化复合涂层。主要激光熔覆参数为激光功率 900W，扫描速率 3mm/s，搭接率 50%。

3.2　TiC 与高熵合金机械合金化

不同激光功率下机械混合 TiC/AlCoCrFeNi 复合高熵合金涂层中，两个尺度的 TiC 在涂层中起到了弥散强化等作用，将会显著提升涂层硬度，进而提升涂层耐磨性。但由于 TiC 粉末形状不规则、尺寸较小，导致粉末流动性差，其送粉效率低于高熵合金粉末。因此，复合涂层中 TiC 含量较熔覆粉末少。另外，复合涂层中小尺度 TiC 分布较为均匀，而大尺度 TiC 出现集聚现象，使其周围显微组织出现裂纹等缺陷，这会导致复合涂层出现硬度和耐磨性不均匀以及耐蚀性降低等问题。尽管提升激光功率在一定程度上可以改善 TiC 分布不均匀以及部分 TiC 与母相结合度差等问题，但无法彻底消除。因此，本章节将 TiC 与 AlCoCrFeNi 两种粉末采用机械合金化的方式结合，以期解决复合涂层显微组织不均匀以及存在裂纹缺陷等以致其性能有所下降的问题。

3.2.1　机械合金化 TiC/AlCoCrFeNi 混合粉末的微观形貌

将 TiC 与 AlCoCrFeNi 粉末 1∶1 配制，通过行星式球磨机使两种粉末机械合金化。为了探究不同球磨时间对两种粉末机械合金化的影响，球磨时间选用 6h、12h、18h、24h。其他参数为球料比 8∶1，转速 300r/min。

两种粉末球磨 6h 的微观形貌如图 3-3 所示，局部点扫结果如表 3-1 所示。由图 3-3 可以看出，经过 6h 球磨后，大部分高熵合金粉末依然保持球形，表面附着一层细小颗粒。结合表 3-1A 区域点扫结果可知，细小颗粒为 TiC。

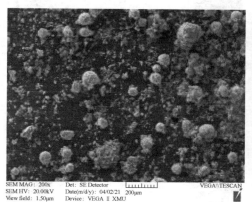

(a)低倍	(b)高倍

图 3-3　球磨 6h 粉末表面形貌

表 3-1　局部点扫结果　　　　　　　　　　　　%（质量分数）

区域	Al	Co	Cr	Fe	Ni	Ti	C
A	—	—	—	—	—	95.68	4.32
B	9.38	20.16	20.01	21.34	21.31	5.50	2.30

两种粉末球磨 6h、12h、18h、24h 后的截面微观形貌如图 3-4 所示。表 3-2 为两种粉末球磨 6h 截面局部点扫结果。由表可知，截面中心的白色颗粒为高熵合金粉末，边缘部分为 TiC，且厚度相对均匀。另外，随着球磨时间的增加，高熵合金粉末周围 TiC 的厚度逐渐增加。高熵合金粉末在球磨 18h 后，大部分颗粒出现变形、破碎等现象，且附着在高熵合金粉末的 TiC 开始脱落。直到球磨 24h 后，只有部分高熵合金颗粒周围存在较大厚度的 TiC，而大部分 TiC 脱落。因此，选用球磨 12h 的粉末进行后续试验。

表 3-2　两种粉末球磨 6h 截面局部点扫结果　　　%（质量分数）

区域	Al	Co	Cr	Fe	Ni	Ti	C
A	9.34	21.78	22.12	21.96	23.49	—	1.29
B	1.78	5.01	5.16	6.87	6.28	66.73	8.16

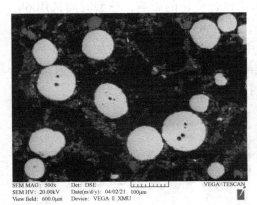

(a)6h低倍　　　　　　　　　　　　(b)6h高倍

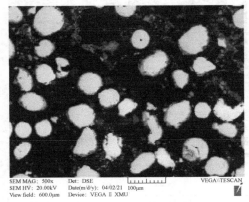
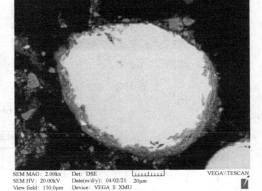

(c)12h低倍　　　　　　　　　　　　(d)12h高倍

图 3-4　球磨不同时间后粉末的截面形貌

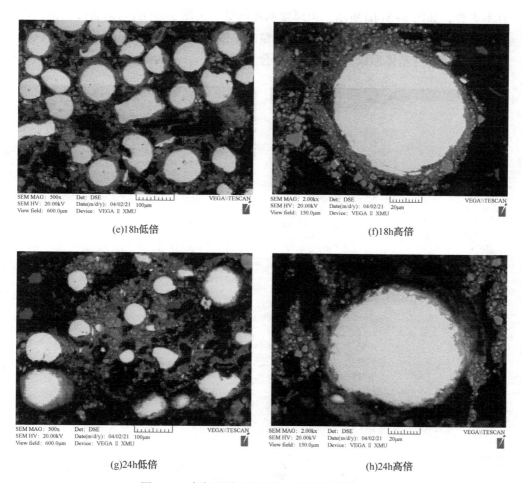

(e)18h低倍　　　　　　　　　　　　　　(f)18h高倍

(g)24h低倍　　　　　　　　　　　　　　(h)24h高倍

图3-4　球磨不同时间后粉末的截面形貌(续)

3.2.2　复合熔覆层的微观形貌与物相

（1）截面微观形貌与涂层成分

图3-5为机械合金化 TiC/AlCoCrFeNi 复合涂层的显微组织形貌。由图可以看出，涂层表面内部组织较为致密，只有极少量的未熔颗粒，无明显气孔、裂纹等缺陷。复合涂层的厚度不一，其平均厚度约为 1200μm，与激光功率 900W 机械混合复合涂层相差不多，且涂层表面高低起伏较大，与基体结合的区域不太规则，这说明预置粉末时未能将粉末能完全均匀化。

涂层表面同机械混合 TiC/AlCoCrFeNi 复合涂层一样，也存在一层黑色物质，且不平整，如图3-5(b)所示，但厚度明显降低。由图3-5(d)可以看出，机械合金化复合涂层与基体过渡自然，呈较完整的半弧状，无裂纹等缺陷，说明机械合金化复合涂层与基体形成良好的冶金结合。

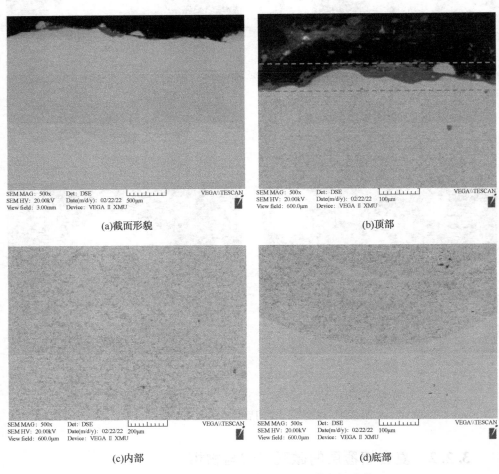

图3-5　机械合金化复合涂层的显微组织形貌

另外，机械合金化 TiC/AlCoCrFeNi 复合涂层由灰色衬度的基相与黑色相两相组成，这与机械混合 TiC/AlCoCrFeNi 复合涂层类似。不同的是机械混合复合涂层中黑色相为两种不同尺度，其中大尺度黑色相形状各异、棱角分明，但分布不均匀，而小尺度黑色相密度较大，分布均匀。机械合金化 TiC/AlCoCrFeNi 复合涂层的黑色相均为单一的小尺度、密度大，与高熵合金相结合良好。

图3-6为机械合金化 TiC/AlCoCrFeNi 复合涂层截面显微组织形貌。表3-3

为截面局部点扫结果。由表3-3可知，A、B区域中除Fe元素外，Ti、C两种元素含量最高，且原子比接近1∶1，这表明机械合金化复合涂层中黑色颗粒为TiC。而C区域中仅含极少量的Ti元素，且无C元素。另外，各区域中Fe元素含量远远高于原始粉末，表明由于激光作用形成的熔池导致机械合金化复合涂层出现极大的稀释率，致使基体中大量的Fe元素进入涂层内部。

此外，由图3-6可以看出，机械合金化复合涂层中仅含有小尺度的TiC颗粒，且密度较大，分布十分均匀。另外，机械混合复合涂层中的小尺度TiC颗粒呈雪花状，具有明显的形状特征，而机械合金化复合涂层中TiC颗粒的排列趋于无序状态，没有明显的异形。

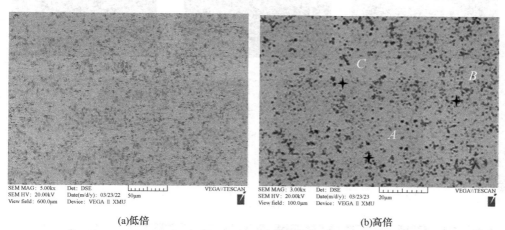

(a)低倍　　　　　　　　　　　　　　(b)高倍

图3-6　机械合金化TiC/AlCoCrFeNi复合涂层的显微组织

表3-3　局部点扫结果　　　　　　　　　　%(质量分数)

区域	Al	Co	Cr	Fe	Ni	Ti	C
A	0.64	2.38	1.79	56.62	2.13	30.95	5.49
B	0.25	1.67	1.59	40.95	1.44	40.25	13.86
C	1.08	2.99	2.57	87.34	3.05	2.97	0.00

图3-7为机械合金化复合涂层局部面扫图和面扫结果。由图可以看出，Ti元素分布比较均匀，且含量较多，而C元素含量相对较低，但元素分布与Ti元素大致相同。结合图(b)可知，Al、Co、Cr、Ni四种元素含量最低，而Fe元素的含量为79.64%，远远高于原始粉末。这说明机械合金化复合涂层中的稀释率偏高，导致基体中大量的Fe元素进入复合涂层内部，会影响复合涂层的显微硬度及其耐磨性。

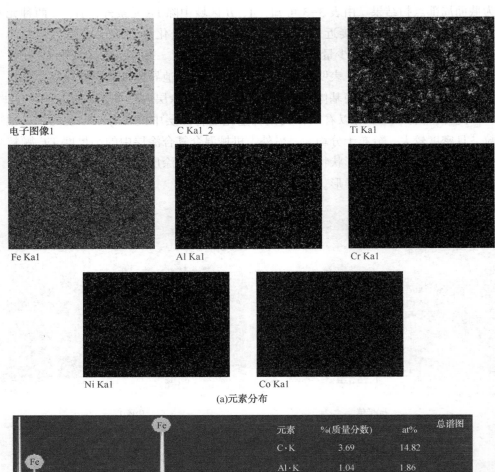

电子图像1　　　　　C Ka1_2　　　　　Ti Ka1

Fe Ka1　　　　　Al Ka1　　　　　Cr Ka1

Ni Ka1　　　　　Co Ka1

(a)元素分布

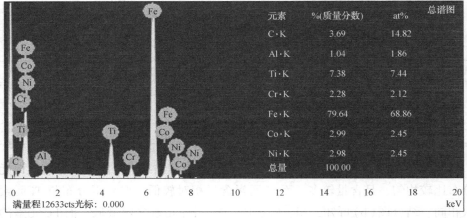

元素	%(质量分数)	at%	总谱图
C·K	3.69	14.82	
Al·K	1.04	1.86	
Ti·K	7.38	7.44	
Cr·K	2.28	2.12	
Fe·K	79.64	68.86	
Co·K	2.99	2.45	
Ni·K	2.98	2.45	
总量	100.00		

满量程12633cts光标：0.000

(b)能谱结果

图3-7　机械合金化复合涂层局部面扫

（2）涂层物相组成

图 3-8 为机械合金化 TiC/AlCoCrFeNi 高熵合金复合涂层的 XRD 图谱。由图 3-7可知，与机械混合复合涂层类似，机械合金化复合涂层也由 BCC 固溶体和 TiC 两相组成，未形成其他复杂相。

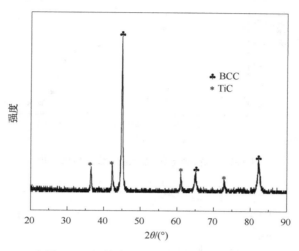

图 3-8　机械合金化复合涂层 XRD 图谱

3.2.3　复合涂层摩擦磨损与耐蚀性能

（1）涂层硬度

图 3-9 为机械合金化 TiC/AlCoCrFeNi 复合涂层截面显微硬度曲线。可以看出，机械合金化复合涂层的显微硬度稳定，过渡区域范围较大，表明涂层的组织分布均匀，未出现成分偏析。机械合金化复合涂层的平均硬度为 $309HV_{0.3}$，较激光功率 900W 的高熵合金涂层（平均硬度为 $457HV_{0.3}$）有所下降。这主要是由于机械合金化复合涂层中大尺度 TiC 颗粒消失和极大的稀释率导致 Fe 元素含量明显升高，致使显微硬度出现下降。

（2）涂层摩擦磨损性能

机械合金化 TiC/AlCoCrFeNi 高熵合金复合涂层的磨损失重为 34.3mg。图 3-10 为机械合金化 TiC/AlCoCrFeNi 复合涂层的摩擦系数曲线。如曲线所示，在滑动摩擦磨损进行 180s 后，摩擦系数几乎达到稳定状态，这与高熵合金涂层类似。机械合金化复合涂层的平均摩擦系数值约为 0.49，与激光功率 900W 的高熵合金涂层（平均摩擦系数约为 0.45）大致相同。相比于高熵合金涂层，此摩擦系数曲线明显更加平滑，波动范围明显降低。

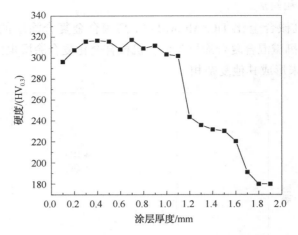

图 3-9　机械合金化复合涂层截面显微硬度

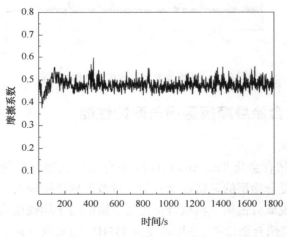

图 3-10　机械合金化复合涂层的摩擦系数

　　图 3-11 为机械合金化 TiC/AlCoCrFeNi 复合涂层的磨损形貌。由图可以看出，涂层存在较明显的剥落、划痕，磨屑数量较少。与 45 钢在摩擦磨损过程中，由于机械合金化复合涂层的显微硬度较低，表现出较低的耐磨性能。这主要是由于经过高能球磨后，大颗粒 TiC 逐渐破碎，致使机械合金化涂层中仅存在小尺度的 TiC，导致其在摩擦磨损过程中失重较大。表 3-4 为机械合金化涂层磨损点扫结果。由表可知，各区域中 Fe 元素含量均在 90% 以上，这与涂层面扫结果相一致，而且均无 O 元素。因此，机械合金化复合涂层在摩擦磨损过程只发生了黏着磨损。

表 3-4   机械合金化涂层磨损点扫结果   %(质量分数)

区域	Al	Co	Cr	Fe	Ni	Ti	C
A	0.45	1.74	0.87	91.86	0.93	2.15	2.00
B	0.45	0.78	0.20	94.63	0.35	0.77	2.82
C	0.27	1.01	0.72	94.65	0.54	1.31	1.50

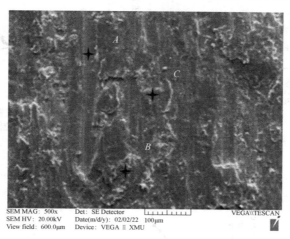

图 3-11   机械合金化复合涂层的磨损形貌

（3）涂层耐蚀性能

图 3-12 为机械合金化 TiC/AlCoCrFeNi 高熵合金复合涂层的开路电位和动电位极化曲线图。由图 3-12(a)可以看出，机械合金化复合涂层开路电位趋于平衡时的电位较高。如图 3-12(b)所示，相比于其他涂层，机械合金化复合涂层在动电位扫描过程中钝化区域较小，而且呈缓慢右移的趋势。

另外，采用极化曲线外推法可获得机械合金化复合涂层的自腐蚀电压为 $-0.2499V$，自腐蚀电流密度为 $14.044 \times 10^{-6} A/cm^2$。相比高熵合金涂层，机械合金化复合涂层的自腐蚀电压上移幅度较大，表明其表面活性较差，发生腐蚀的倾向降低。而自腐蚀电流密度与激光功率 900W 高熵合金涂层（$I_{corr} = 39.363 \times 10^{-6} A/cm^2$）在同一数量级，但降低了约64%，表明其 3.5%(质量分数)NaCl 水溶液中的腐蚀速率明显降低。

图 3-12(c)为在室温 3.5%(质量分数)NaCl 水溶液中测得的不同激光功率下机械合金化复合涂层的 Nyquist 图。从图中可以看出，与机械混合复合涂层类似，机械合金化复合涂层在 3.5%(质量分数)NaCl 水溶液的因奎斯特图也出现了 Warburg阻抗，但半圆形弧线直径较小。其主要原因是涂层中的 Fe 元素含量偏

高，成分出现偏析，导致耐腐蚀性能有所下降。

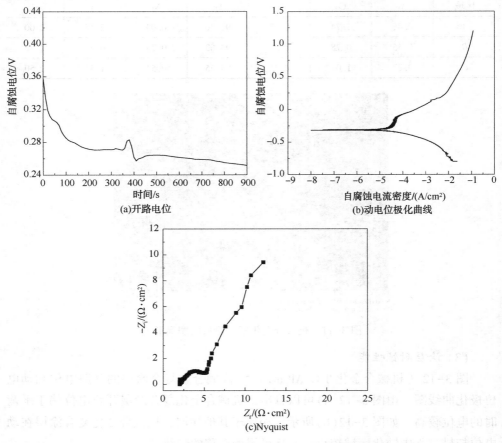

图 3-12　机械合金化复合涂层的电化学测试曲线

3.3　直接掺杂 TiC 增强高熵合金耐磨性

3.3.1　复合熔覆层的物相组成及微观组织

（1）复合熔覆层物相分析

在 AlCoCrFeNi 粉末中添加 0%（质量分数）、40%（质量分数）、60%（质量分数）和 80%（质量分数）的 TiC 颗粒，利用激光熔覆制备了不同 TiC 含量的复合涂层，对应的熔覆层命名为 HEAs、T40、T60、T80。图 3-13 为不同 TiC 含量 AlCoCrFeNi 复合熔覆层的 XRD 图谱。从图谱结果可知，AlCoCrFeNi 熔覆层以 BCC 相为主，含

少量 FCC 相。BCC 相主要为无序的 Fe-Cr 相和有序的 Al-Ni 相，FCC 相则为
Fe-Ni 相。文献报道，Al 含量影响 AlCoCrFeNi 高熵合金的 BCC/FCC 相的转变，
并且 Fe-Cr 相会受到 Al 元素的影响。AlCoCrFeNi 熔覆层中 FCC 相出现的原因是
基体 Q345 中的 Fe 元素因稀释、扩散作用进入熔池，Al 元素因稀释作用含量降
低，促进了 FCC 相的产生。

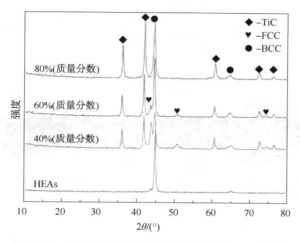

图 3-13　不同 TiC 含量高熵合金复合涂层 XRD 图谱

　　TiC 颗粒的引入使复合熔覆层具有明显的 TiC 相衍射峰。TiC 添加量低于
60%（质量分数）时，熔覆层中形成了 FCC 相，然而随着 TiC 的增加，复合熔覆层
中 FCC 相衍射峰的相对强度逐渐降低，表明过量的 TiC 可抑制 AlCoCrFeNi 高熵
合金 FCC 相的产生，促进 FCC 相向 BCC 相的转变。这是由于 Ti 元素的原子半径
大于熔覆层中其他的合金元素半径，高含量的 TiC 分解后，Ti 原子将使晶格发生
更严重的畸变，体系趋于形成能量更低的 BCC 结构，并且 Ti 与 Al 和 Ni 之间有
更负的混合焓，有利于 BCC 结构的 Al-Ni 相形成。此外，Fe 元素的含量增加也
会促进 BCC 结构的 Fe-Cr 相产生。

　　（2）复合熔覆层微观组织分析

　　图 3-14 为不同 TiC 含量的高熵合金熔覆层截面形貌。TiC/AlCoCrFeNi 高熵
合金熔覆层成形良好，厚度均匀，未出现大尺寸的裂纹、孔洞等缺陷，熔覆层与
基体呈现两种颜色的衬度，二者之间具有明显的界面，结合界面处完全熔合，保
证了熔覆层与基体的结合强度，并且熔覆层搭接处结合良好。AlCoCrFeNi 熔覆层
顶部出现了少部分高熵合金球状块体的粘连，其主要原因是旁轴送粉的方式使部
分熔化的合金在熔池凝固后进入熔覆层顶部，合金凝固的时间差造成了熔覆层顶

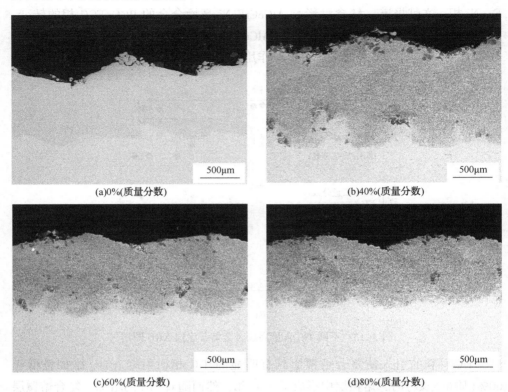

部出现球状高熵合金的粘连。

(a)0%(质量分数)

(b)40%(质量分数)

(c)60%(质量分数)

(d)80%(质量分数)

图 3-14　不同 TiC 添加量的高熵合金复合熔覆层截面形貌

　　TiC/AlCoCrFeNi 熔覆层出现了黑色衬度的 TiC，三种复合熔覆层中的 TiC 均以两种形式存在：少部分未完全熔化的 TiC 颗粒和大部分完全熔化的小尺寸 TiC 颗粒。大尺寸原始态的 TiC 颗粒主要分布在熔覆层顶部表层和搭接处的底部，少量分布于熔覆层中部。熔化后小尺寸的 TiC 颗粒在熔覆层中分布均匀，未出现明显的偏聚集中现象，使复合熔覆层呈现出深灰色衬度。随着 TiC 含量的增加，熔覆层的厚度逐渐减小，HEAs 熔覆层平均厚度为 1050μm，T40、T60 和 T80 熔覆层平均厚度分别为 1485μm、1120μm 和 980μm。TiC 复合熔覆层厚度逐渐减小，主要是由于 TiC 含量从 40%（质量分数）增加至 80%（质量分数），高熵合金粉末作为黏结相逐渐减少，在激光熔覆时形成的熔池尺寸更小，从而熔覆层厚度减小。

　　图 3-15 为 AlCoCrFeNi 高熵合金熔覆层顶部、中部和底部的显微组织图。从图中可以看出，高熵合金的高熵效应使熔覆态的 AlCoCrFeNi 晶粒组织较为粗大。由于熔池的熔化速度和凝固速度快，熔覆层各区域的温度场分布和散热能力不均

匀，熔覆层不同区域的组织呈现出不同的形态。熔覆层顶部的晶粒尺寸较小，呈等轴状；熔覆层中部的晶粒组织尺寸较顶部更大，呈现出块状，而熔覆层下部的组织具有明显的外延式生长取向特点，底部出现了垂直于熔合线生长的柱状晶并混有胞状晶，紧邻熔合线的熔覆层则是一层平面晶构成的过渡层。显微组织中未见其他衬度的相，表明熔覆层中 Al、Co、Cr、Fe、Ni 以固溶的方式形成简单的 BBC 相和少量 FCC 相，未形成复杂的金属化合物，与 XRD 结果一致。

AlCoCrFeNi 高熵合金熔覆层的晶粒形态遵循凝固理论。根据凝固理论，在凝固阶段晶粒的形态主要取决于温度梯度 G 和凝固速率 R 的比值。在熔合线处，熔化的液态 AlCoCrFeNi 及部分熔化基体，与固态的 Q345 基体温度差大，故温度梯度 G 很大并且凝固速率 R 小，G/R 值很大使固液线上方的熔覆层形成了一层平面晶。随着凝固的进行，熔覆层中下部的温度梯度 G 变小，晶粒生长方式发生转变，在下部由于形核困难和温度梯度较小形成了柱状晶，并垂直于熔合线方向生长。随着柱状晶的生长，中上部发生成分过冷晶粒生长无择优生长取向，进而形成等轴晶。熔池顶部与外界大气直接接触有利于散热，凝固速率 R 增大也促进等轴晶的形成。

从图 3-15 可以看出，熔覆层各部位均出现了分布均匀、直径小于 $1\mu m$ 的气孔。氩气作为高熵合金粉末的载体和熔池的保护气体，一部分氩气进入熔池内部，熔池的凝固速率快，气体在熔池凝固前不能完全逸出而形成熔覆层的气孔。利用面积法统计熔覆层不同部位的平均孔隙率，底部、中部和顶部的孔隙率分别为 0.73%、0.65% 和 0.59%。造成熔覆层各部位气孔存在细微差异的主要原因是熔池自底部开始凝固，熔覆层底部先行凝固气体逸出时间相较于顶部更短，随着凝固的进行越靠近顶部气体逸出的更多，造成了孔隙率自底部向顶部递减。

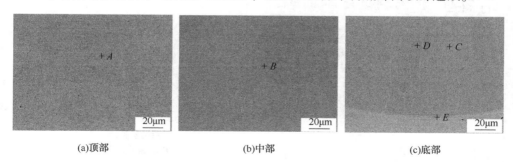

(a)顶部　　　　　　　　　(b)中部　　　　　　　　　(c)底部

图 3-15　AlCoCrFeNi 高熵合金熔覆层顶部、中部和底部显微组织图

表 3-5 列举了 AlCoCrFeNi 高熵合金熔覆层不同区域 EDS 点扫能谱结果。从不同部位的点扫结果可以看出，除 Fe 元素含量高于其他元素外，其余元素含量

接近等原子比，符合高熵合金理论值，Fe 元素的增加是由于基体的稀释作用，激光将部分基体熔化，在热流扰动和扩散作用下进入熔池，使熔覆层 Fe 元素含量升高。能谱分析结果表明，Fe 元素含量从过渡层至顶部逐渐减小，进一步证明了基体的稀释作用逐渐减小。此外，点 D 的能谱结果可以看出，晶界处的 Fe 元素略有降低，Al、Co、Cr、Ni 等元素在晶界处含量增加。

表 3-5　AlCoCrFeNi 高熵合金熔覆层不同区域成分　　　　　at. %

位置	区域	Al	Co	Cr	Fe	Ni
顶部	A	22.32	16.44	17.62	27.47	16.15
中部	B	15.44	16.91	16.83	32.78	18.03
	C	15.20	16.36	17.14	35.50	15.81
底部	D	13.64	16.58	17.33	33.67	18.78
	E	11.04	14.68	14.35	46.21	13.72

图 3-16 为 AlCoCrFeNi 高熵合金熔覆层底部与基体界面区域的线扫元素分布图。从图 3-16(a) 可以看出，熔覆层中的 Al、Co、Cr、Fe、Ni 元素在较小的范围内波动，含量较为稳定，Fe 元素高于其他元素，与点扫能谱结果相一致，定性地证明了基体带来的稀释作用。图 3-14(b) 的元素分布曲线进一步显示，界面处存在过渡区域，其中 Fe 元素含量急剧升高，其他合金元素骤然下降，表明熔覆层与基体之间的形成了尺寸在 15μm 左右的过渡区。

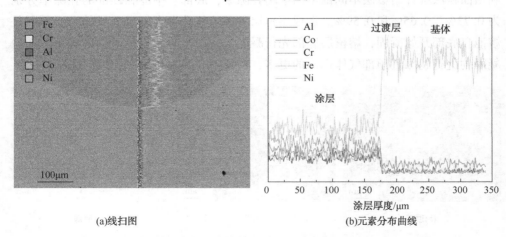

(a)线扫图　　　　　　　　　　　(b)元素分布曲线

图 3-16　AlCoCrFeNi 高熵合金熔覆层底部线扫图

图 3-17 为 AlCoCrFeNi 高熵合金熔覆层底部面扫图，熔覆层元素面分布表明，熔覆层中高熵合金元素分布均匀、没有明显的偏析，高熵效应使熔覆层只形

成了简单固溶体，没有出现金属间化合物。熔覆层与基体之间存在明显分界线，大部分 Al、Co、Cr、Ni 等元素保留在熔覆层中，形成了良好的冶金结合，保证了熔覆层结合强度。

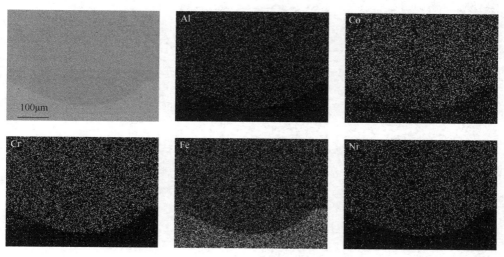

图 3-17　AlCoCrFeNi 高熵合金熔覆层底部界面处面扫图

图 3-18 为 TiC/AlCoCrFeNi 高熵合金复合熔覆层 T40、T60 和 T80 的顶部、中部和底部显微组织图。从图中可以看出复合熔覆层各个部位组织致密，未出现与 AlCoCrFeNi 熔覆层中类似的气孔，TiC 的加入改善了激光熔覆带来的气孔问题。表 3-6 列举了 60%（质量分数）TiC/AlCoCrFeNi 高熵合金复合熔覆层中不同微区的 EDS 能谱分析结果。从表中结果可知图 3-18（b1）（b2）（b3）中的 A、C 和 E 微区的 Ti/C 原子比近似为 1∶1，可以定量得出熔覆层顶部、中部和底部中黑色衬度的相是 TiC。微区 B、D、F 的 Al、Co、Cr、Ni 的原子比也近似等原子比，表明 AlCoCrFeNi 高熵合金在熔覆层中得到了保留。但是其余元素含量下降，而 Fe 元素含量大量上升，并且越接近基体 Fe 元素含量越高，是由于混合粉末中高熵合金含量低于 TiC，基体稀释作用增强，基体金属进入熔池充当黏结剂。这也是 XRD 图谱中 FCC 相峰强逐渐减弱的原因之一。

从图中可以看出熔覆层各部位均匀分布有 TiC 颗粒，与尺寸介于 45~105μm 的原始态棱块状 TiC 颗粒不同，TiC 颗粒的尺寸介于 1~20μm 之间，呈现出近球形、花瓣状、鱼骨状等形态。TiC 颗粒弥散分布于熔覆层之间，未发生团簇、聚集现象，并且成为异质形核点限制了熔覆层晶粒的生长，使 HEAs 晶粒得到细化，有利于提升复合熔覆层的硬度。

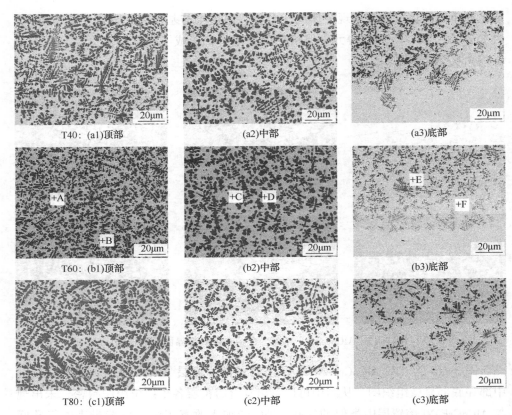

图 3-18　TiC/AlCoCrFeNi 高熵合金复合熔覆层顶部、中部和底部的显微组织图

表 3-6　60%（质量分数）TiC/AlCoCrFeNi 高熵合金熔覆层不同位置微区成分　at.%

位置	区域	Al	Co	Cr	Fe	Ni	Ti	C
顶部	A	—	—	0.83	2.73	—	49.21	47.23
	B	6.81	8.10	7.48	44.75	8.28	5.18	19.40
中部	C	0.17	0.15	0.45	0.74	0.20	50.22	48.07
	D	5.74	6.61	5.48	52.06	6.23	10.46	13.42
底部	E	—	—	0.96	18.96	—	35.55	44.52
	F	1.85	0.97	2.17	77.17	2.00	5.63	10.21

　　较高的激光功率使 TiC 颗粒完全熔化，并在熔池中重新凝固生长，避免了 TiC 颗粒与高熵合金结合不良产生的微裂纹，提升了 TiC 颗粒与高熵合金的结合强度。从图 3-18 可以发现，复合熔覆层的底部 TiC 颗粒含量明显低于熔覆层中上部，TiC 含量从顶部至底部逐渐减少。造成 TiC 分布差异的主要原因包括：TiC 密度相较于 AlCoCrFeNi 高熵合金更低，仅有 4.93g/cm³，低密度的 TiC 在高熵合

金熔池中具有上浮倾向；熔覆层底部更靠近基体，激光熔覆产生的稀释作用使熔覆层底部的 Ti、C 元素含量降低，TiC 形核时形成更少的 TiC 颗粒。

熔覆层中硬质相 TiC 含量影响着熔覆层的硬度，比较 T40、T60 和 T80 顶部、中部和底部的 TiC 含量。熔覆层顶部 TiC 的含量随着 TiC 添加量的增多而增加，使用图像法统计熔覆层各部位的 TiC 体积分数。T40、T60 和 T80 熔覆层顶部的 TiC 含量分别为 43.12%、46.04% 和 50.84%；熔覆层中部 TiC 含量分别为 36.75%、42.45% 和 31.77%；底部 TiC 含量分别为 18.63%、19.87% 和 15.75%。熔覆层顶部的 TiC 含量呈现出 T80>T60>T40 的规律，主要原因是原始粉末中 TiC 的添加量提升，直接使熔覆层顶部的 TiC 含量增加，并且顶部由于受基体稀释作用小，TiC 上浮聚集。而 T80 熔覆层中部和底部 TiC 含量低于 T40 和 T60，主要是由于 T80 熔覆层厚度减小，受基体稀释作用增加导致的。而 T60 熔覆层由于 TiC 添加量和稀释作用的"竞争"关系，保持了较稳定的 TiC 含量。

TiC 在复合熔覆层中的形态也存在差异。熔覆层顶部和底部形成了更多大尺寸的鱼骨状 TiC 颗粒，熔覆层中部的 TiC 则更多地呈现出花瓣状。TiC 的尺寸差异可根据成分过冷理论解释：

$$r^* = \frac{2\sigma_{SL}V_S T_m}{\Delta H_m \Delta T} \tag{3-1}$$

式中　　r^*——临界形核半径；

　　　　σ_{SL}——界面张力；

　　　　V_S——晶核摩尔体积；

　　　　T_m——熔点；

　　　　ΔH_m——混合焓；

　　　　ΔT——过冷度。

TiC 的临界形核半径决定了 TiC 颗粒的尺寸大小，从式中可以看出 r^* 取决于过冷度 ΔT。对于金属而言，冷却速率越快，过冷度 ΔT 越大。由于与固体的基体直接接触，熔池的底部冷却速率较中上部更快，因此底部的 TiC 晶粒最细小，熔池的中部则散热困难，冷却速度较慢，形成的 TiC 颗粒尺寸较大，而顶部由于与大气直接接触，散热速率加快，形成的晶核较小，但大于底部的 TiC 颗粒。熔覆层中部的 TiC 颗粒呈现花瓣状，则是因为在激光热源的冲击、表面张力和温度梯度的作用下，熔池发生了强烈的 Marangoni 对流，体积较小的晶粒进入中部成为晶核，TiC 颗粒均匀生长形成等轴晶，并且对流作用使 TiC 颗粒发生碰撞形成了花瓣状，而顶部和底部 TiC 颗粒呈现鱼骨状。

根据晶体生长定律，在激光熔覆的非平衡冷却条件下，熔池的冷却速度影响着 TiC 生长方式，顶部和底部较快的冷却速度，使 TiC 颗粒不再均匀生长为近球形，而是生长出枝晶并沿枝晶生长，使 TiC 生长为鱼骨状。熔池随着凝固的进行，顶部产生成分过冷，使熔覆层顶部的 TiC 颗粒枝晶更加粗壮密集。

图 3-19 为 60%（质量分数）TiC/AlCoCrFeNi 高熵合金熔覆层底部界面处的 EDS 线扫图谱。从熔覆层底部的线扫图可以看出，复合熔覆层的 Al、Co、Cr、Ni 等元素的峰强与 AlCoCrFeNi 高熵合金熔覆层相比有所减弱，在界面处的未发生突变，Fe 元素峰在熔覆层和基体的界面处存在明显的缓慢升高，表明二者之间存在过渡区域，并且过渡层的厚度明显大于 AlCoCrFeNi 高熵合金熔覆层的过渡层厚度，说明基体的稀释作用和熔池的扩散增强，Ti、C 元素的峰值则在黑色颗粒处骤升，TiC 颗粒的引入使熔覆层厚度减少的同时，稀释作用增强。

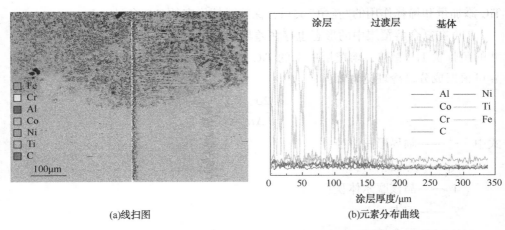

(a)线扫图　　　　　　　　　　　(b)元素分布曲线

图 3-19　60%（质量分数）TiC/AlCoCrFeNi 高熵合金熔覆层底部界面处线扫图

图 3-20 为 60%（质量分数）TiC/AlCoCrFeNi 高熵合金熔覆层底部 EDS 面扫图。面扫结果进一步显示，Ti 元素则与基体具有明显的分界，Ti、C 元素在黑色衬度的颗粒处富集，也证明了熔覆层中黑色衬度的相为 TiC，其余元素则在熔覆层和基体的母相中分布均匀。

图 3-21 为添加了 40%（质量分数）、60%（质量分数）、80%（质量分数）TiC 的 AlCoCrFeNi 复合熔覆层中部典型的显微组织形貌。表 3-7 列举了图 3-19 熔覆层中典型区域的 EDS 点扫能谱分析结果。从图 3-21（a）（c）（e）可以看出，三种含量下的熔覆层中大量分布有黑色颗粒。从表 3-3 中的 EDS 结果可知，点 A、F、I 的 Ti 元素和 C 元素的原子比近似 1∶1，结合 XRD 的物相分析，证实了熔覆层中的黑色相为 TiC。

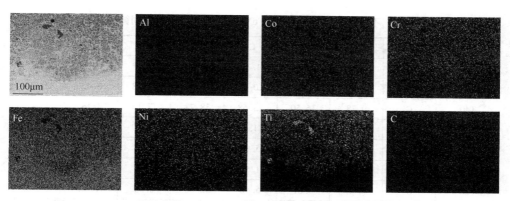

图 3-20 60%(质量分数)TiC/AlCoCrFeNi 高熵合金熔覆层底部界面处面扫图

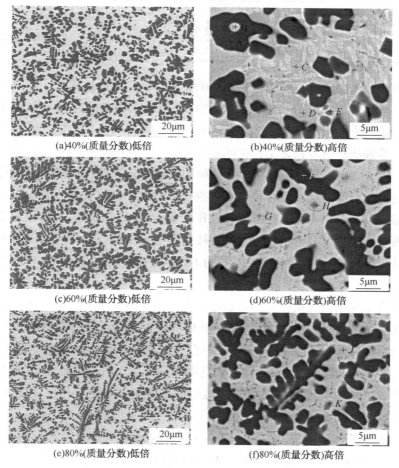

图 3-21 不同添加量下的 AlCoCrFeNi/TiC 复合熔覆层微观组织

表 3-7　不同 TiC 含量 AlCoCrFeNi 高熵合金熔覆层不同微区成分　　　at. %

熔覆层	区域	Al	Co	Cr	Fe	Ni	Ti	C
	A	—	—	1.31	0.65	0.39	48.90	48.75
	B	8.65	12.56	10.27	28.79	11.88	6.42	21.43
T40	C	9.78	16.50	13.68	38.73	17.15	4.16	—
	D	10.27	14.60	11.92	33.63	14.60	4.26	10.73
	E	2.97	5.67	5.93	9.23	5.86	16.87	53.47
	F	—	—	1.55	0.54		50.76	47.15
T60	G	5.74	6.61	5.48	52.06	6.23	10.46	13.42
	H	1.23	2.23	2.46	18.15	2.26	20.99	52.67
	I	—	—	—	3.20		50.67	46.13
T80	J	2.08	2.16	2.32	72.58	2.23	2.51	16.13
	K	2.11	2.47	2.40	19.19	2.33	23.93	47.57

受熔覆粉末中 TiC 含量的影响，T40 中 TiC 颗粒分布较稀疏，T40 熔覆层中的 TiC 含量低于 T60 和 T80。并且不同 TiC 含量粉末制备的高熵合金复合熔覆层中，TiC 相呈现出了不同的形态特征。如图 3-21(a)所示，T40 中的 TiC 颗粒以近球形、等轴块状的颗粒为主，少部分形态为十字花瓣状。随着 TiC 颗粒的添加量增加，图 3-21(c)中花瓣状的 TiC 颗粒的数量得到了提升，枝晶生长明显，呈现出长宽比相近的团状，尺寸较 T40 中进一步增加，只有少部分的 TiC 颗粒以近球形的形态存在。当 TiC 颗粒添加量提升至80%(质量分数)时，如图 3-21(e)所示，熔覆层中 TiC 以羽毛状和鱼骨状的枝晶类型为主，羽毛状的 TiC 尺寸达到了20μm，具有较大的长宽比。表明不同的 TiC 添加量对熔覆层中的 TiC 形态有重要影响作用。

从复合熔覆层的高倍微观图可以进一步发现，图 3-21(b)中少数 TiC 颗粒的中心出现了圆形白色衬度的内核，TiC 颗粒周围伴有深灰色衬度的相，灰色的母相中未观察到明显的晶界，但在母相中存在白色条状的相。白色条状的相则从图 3-21(d)和(f)中消失，取而代之则是明显的晶界，并且 T80 的晶界比 T60 晶界更加明显。从图中可以发现复合熔覆层的微观组织中只形成了简单的固溶体相，未形成复杂的金属化合物。

根据表 3-7 的 EDS 数据结果，微区 D 所代表的相是 TiC 分解后的 Ti 和 C 元素固溶于 AlCoCrFeNi 构成的母相。T40 中白色圆形内核中点 B 的 Fe、C 元素含量较高，而 Co、Cr、Ni 元素接近等原子比，Al、Ti 元素含量较少。这表明圆形内核是以 AlCoCrFeNi 高熵合金为基体形成的合金，与其他文献中熔池因氧化 TiC 会以 Al_2O_3 为内核生长的方式不同。内核的碳元素含量高于母相则是由于 TiC 的包裹，碳原子扩散作用增强造成的。圆形内核的形成与熔池内部的 Marangoni 对流有关，熔融状态下的 TiC 在生长时受到自熔池底部向上的金属液流，在局部形成了涡流，使 TiC 裹挟合金溶液生长而形成内核。图中点 C 的化学成分不含碳元素，形成了区别于母相的新相，结合 XRD 图谱分析，T40 中白色衬度的相为 Al、Co、Cr、Fe、Ni 和 Ti 元素构成的 FCC 相。另外，根据点 D、G、J 的化学成分可知，三种熔覆层母相中 Fe 元素含量逐渐升高，促进了 FCC 相向 BCC 相的转变，这也是随着 TiC 添加量提升，熔覆层中 FCC 相逐渐减少的原因。

　　三种复合熔覆层中的点 E、H 和 K 中的 C 含量原子占比接近 50%，表明该类灰色衬度的相是以 Fe 和 Ti 元素为主的金属碳化物。此外，比较 T40、T60 和 T80 的母相可以发现，TiC 添加量的增加会使母相中的 Fe 元素大幅上升，在 T80 中 Fe 元素达到 72.58at.%。在复合粉末中，TiC 含量提升的同时，AlCoCrFeNi 高熵合金作为 TiC 的黏结剂会相应地减少，因此在激光熔覆时产生了"补偿机制"，熔化的 Q345 基体会因对流和扩散等因素进入熔池，充当黏合剂以补偿高熵合金的减少，造成熔覆层母相中 Fe 元素含量的升高并使熔覆层厚度下降。此外，保留在熔覆层中的 TiC 含量存在上限，并不会随着熔覆粉末中 TiC 的添加量而无限制上升，C 原子会固溶于 Fe 基的晶格中，导致 TiC 含量少于原始添加量。随着 Fe 元素含量的升高而增加，是因为 C 在 Fe 中有更大的固溶度。

　　根据成分过冷理论和晶体生长规律，不同 TiC 添加量的复合熔覆层 TiC 形态出现差异的原因是复合熔覆层的冷却速度和 C/Ti 摩尔比的不同。从 T40 至 T80 熔覆层的厚度逐渐降低，在凝固时熔池更大的熔覆层冷却速率更慢、过冷度更小，因此 T40 中部的 TiC 颗粒具有更大的形核半径，所形成的 TiC 颗粒尺寸更大，并且冷却速度较慢会使 TiC 沿着(111)方向按照八面体结构均匀生长。另一方面熔池尺寸越大对流作用越明显，在熔池的扰动下难以生长为长宽比更大的羽毛状枝晶。根据研究报道，熔池中 C/Ti 原子的摩尔比也影响 TiC 的生长方式，C/Ti 摩尔比高生成的 TiC 趋近于球形和花瓣状，当 C/Ti 摩尔比低时则产生羽毛状枝晶形式的 TiC。从表 3-7 可以发现，随着 TiC 添加量的升高，更多的 C 原子固溶于母相中，造成 TiC 结晶时 C/Ti 摩尔比下降，因而形成更多枝晶形态的 TiC。

　　图 3-22 为 TiC/AlCoCrFeNi 复合高熵合金熔覆层局部区域元素分布图。从三种复合熔覆层的元素分布图可以发现，Al、Co、Cr、Fe 和 Ni 元素在母相中均匀分布，Ti 和 C 元素在黑色颗粒处富集，与点扫能谱结果相符，进一步证明黑色相

为 TiC。随着 TiC 添加量的增加，熔覆层中的扩散和稀释作用加强，在 60%（质量分数）和 80%（质量分数）TiC 高熵合金熔覆层 Al、Co、Cr、Ni 元素分布图中，母相和 TiC 之间的界面变得模糊。

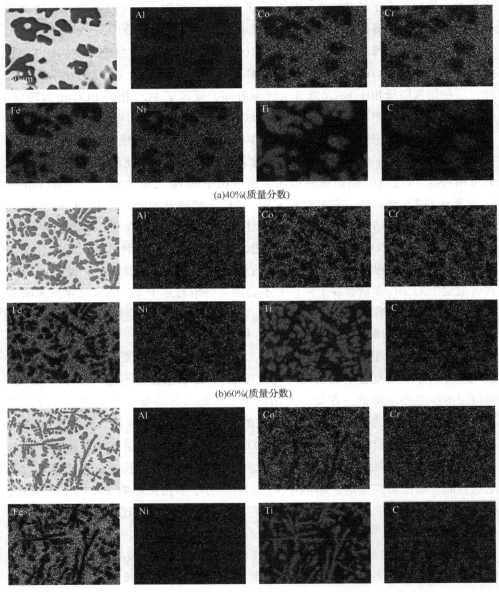

(a)40%(质量分数)

(b)60%(质量分数)

(c)80%(质量分数)

图 3-22 不同添加量的 TiC/AlCoCrFeNi 复合熔覆层局部面扫图

第 **3** 章 TiC增强AlCoCrFeNi高熵合金耐磨性能

3.3.2 复合熔覆层耐磨性能分析

（1）复合熔覆层显微硬度

图 3-23 是 AlCoCrFeNi 熔覆层和三种 TiC/AlCoCrFeNi 复合高熵合金熔覆层顶部典型的维氏显微硬度压痕图，菱形压痕的对角线长度越小，代表熔覆层硬度越大。纯 AlCoCrFeNi 高熵合金熔覆层的压痕尺寸最大，表明硬度最低，复合熔覆层的压痕较小则硬度更大。并且在 T80 中压痕边缘有碎裂，说明 T80 顶部 TiC 含量过高导致了熔覆层顶部的脆性增大、塑性下降。

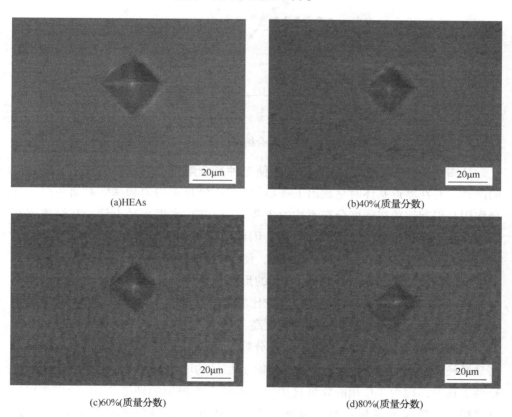

(a)HEAs   (b)40%(质量分数)
(c)60%(质量分数)   (d)80%(质量分数)

图 3-23 不同添加量的 TiC/AlCoCrFeNi 复合熔覆层显微硬度压痕

图 3-24 为不同 TiC 添加量下的 TiC/AlCoCrFeNi 复合熔覆层截面纵向显微硬度分布曲线。从图中可以看出，AlCoCrFeNi 高熵合金熔覆层具有较高的硬度，其平均硬度为 $577HV_{0.3}$，是 Q345 基体硬度 $210HV_{0.3}$ 的 2.7 倍，AlCoCrFeNi 高熵合金熔覆层的硬度分布均匀，没有大幅波动，表明熔覆层组织均匀，未出现其他的

— 67 —

金属间化合物，在界面向基体方向，存在硬度逐渐下降的过渡区域。TiC 的加入使高熵合金熔覆层的硬度得到了大幅的提高，并且硬度随着 TiC 含量逐渐升高。T40、T60 的平均硬度分别为 $821HV_{0.3}$、$1030HV_{0.3}$，而 T80 顶部的平均硬度值达到了 $1104HV_{0.3}$，约为高熵合金熔覆层硬度的 1.9 倍。

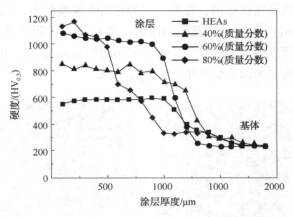

图 3-24 TiC/AlCoCrFeNi 复合熔覆层截面纵向显微硬度分布

从图 3-24 可以看出，TiC 的加入使三种复合熔覆层的硬度出现了不同程度的波动，并在靠近基体时呈现出下降趋势。TiC 分布不均匀和基体对熔覆层的稀释作用是引起熔覆层硬度分布不均的主要原因，TiC 密度小易上浮，在熔覆层底部的含量少，在熔覆层的顶部含量高，因此熔覆层顶部的硬度高于熔覆层底部。并且底部靠近基体 Fe 元素的稀释加强，使母相高熵合金成分较少，也是导致熔覆层底部硬度变小的原因。此外，TiC 的形态也是影响复合熔覆层硬度的因素之一，中上部的花瓣状和球状的 TiC 颗粒比底部枝晶状的 TiC 颗粒具有更显著的第二相强化效果，使熔覆层中上部硬度更高。

比较 40%（质量分数）、60%（质量分数）、80%（质量分数）TiC 添加量的熔覆层显微硬度分布曲线可以发现，随着 TiC 添加量的增加，复合熔覆层的最大硬度得到了提升。因为 TiC 相的含量直接影响着复合熔覆层的硬度，TiC 的增加可以直接提升熔覆层的硬度；另一方面，熔覆层的相组成也会影响熔覆层的硬度，FCC 相的硬度小于 BCC 相。在 T40 熔覆层中有较多的 FCC 相，因此 T40 熔覆层的平均显微硬度较低，随着 FCC 相的减少，T60 和 T80 稳定区的硬度也随之增加。

虽然复合熔覆层的最大硬度得到了提升，但随之出现了熔覆层的硬度分布不稳定的现象，并且随着深度方向硬度下降的趋势愈发明显。T40 的硬度稳定区达到了 $1100\mu m$，T60 为 $900\mu m$，当 TiC 添加量达到 80%（质量分数）后，T80 熔覆层高硬度的稳定区仅保持了 500μm 后硬度便急剧下降。从图 3-18 中三种熔覆层不同部位的微观组织图可以看出，T80 熔覆层中部和底部的 TiC 含量因稀释作用少于 T40 和 T60，TiC 作为提升硬度的重要增强相，其含量影响着熔覆层的硬度。因此 T80 熔覆层硬度在中部和底部出现急剧下降区域的一大原因是 TiC 含量的减少。此外，决定熔覆层硬度的另一重要因素是母相的硬度。从表 3-4 不同熔覆层母相的化学成分分析，Q345 基体的"补偿机制"使熔覆层中 Fe 元素的大量扩散，造成 Fe 含量升高，高熵合金元素含量下降，使母相硬度下降，使高熵合金复合熔覆层硬度下降。

（2）复合熔覆层摩擦磨损性能

图 3-25 显示了 TiC/AlCoCrFeNi 复合熔覆层摩擦磨损试验后的平均磨损失重。TiC 添加量为 0%（质量分数）、40%（质量分数）、60%（质量分数）和 80%（质量分数）熔覆层的磨损失重分别为 40.91mg、23.63mg、6.80mg 和 1.97mg。

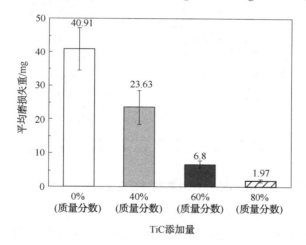

图 3-25　TiC/AlCoCrFeNi 高熵合金复合熔覆层平均磨损失重

从磨损结果可以看出，TiC 的引入使 AlCoCrFeNi 高熵合金熔覆层的磨损失重有明显的减少，对于高熵合金熔覆层的耐磨性能有显著的提升。40%（质量分数）添加量的复合熔覆层较 AlCoCrFeNi 熔覆层磨损失重减少了 42.2%，当添加量进一步提升时，复合熔覆层的磨损失重下降了一个数量级，80%（质量分数）TiC 复合熔覆层的耐磨性能提升了近 20 倍。T80 熔覆层磨损失重小于 T60 是由于 T80 熔覆层顶部的 TiC 含量更高造成熔覆的硬度更大。

图 3-26 为不同 TiC 添加量的 AlCoCrFeNi 高熵合金复合熔覆层摩擦系数曲线。TiC 添加量为 0%（质量分数）、40%（质量分数）、60%（质量分数）和 80%

（质量分数）熔覆层的平均摩擦系数分别为 0.58、0.55、0.52 和 0.45。从摩擦曲线可以看出在前 150s 各熔覆层的摩擦系数均快速上升，然后趋于稳定。AlCoCrFeNi 高熵合金熔覆层的摩擦系数曲线整体较为稳定。TiC 可以降低熔覆层的摩擦系数，也会引起复合熔覆层摩擦系数有较大的波动。

TiC/AlCoCrFeNi 复合熔覆层平均摩擦系数降低，是由于 TiC 作为硬质相使熔覆层硬度得到增强。而复合熔覆层摩擦系数具有较大波动，一方面是由于 TiC 在熔覆层中分布不均在摩擦时引起振动，另一方面则是在摩擦过程中母相和 TiC 的周期性局部剥落。此外，销盘结构的往复式磨损过程中，磨屑在对磨部位不能及时排出造成的不规则阻碍作用也是造成摩擦系数上下周期波动的原因。

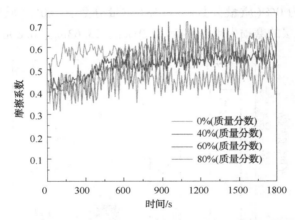

图 3-26　TiC/AlCoCrFeNi 高熵合金复合熔覆层摩擦系数曲线

图 3-27 为不同添加量 TiC/AlCoCrFeNi 高熵合金复合熔覆层磨损试验后的表面磨损形貌。表 3-8 列举了复合熔覆层磨损表面 EDS 点扫结果。如图 3-27(a) 和(b) 所示，AlCoCrFeNi 熔覆层表面附着有少量的碎屑，发生了塑性变形，具有明显的划痕和微犁沟，呈现出黏着磨损的特点，结合点扫结果分析，磨屑中含有 O 元素，说明 AlCoCrFeNi 熔覆层磨损机制为黏着磨损和氧化磨损。

当熔覆层中添加 TiC 作为硬质相后，复合熔覆层的磨损形貌发生了明显变化。如图 3-27(c) 和(d) 所示，T40 磨损表面附着有大量层片状的磨屑，犁沟尺寸增大且进一步加深，未发现 TiC 颗粒的剥离，证明 TiC 颗粒与 AlCoCrFeNi 高熵合金界面结合良好。从图 3-27(e) 和(g) 可以发现，TiC 添加量增加使磨损表面附着的磨屑数量逐渐减少、形态趋于平滑，并且由于硬度的提升，犁沟也更平整。图 3-27(g)中裸露出含有 TiC 颗粒的母相，未产生明显的 TiC 剥落现象。

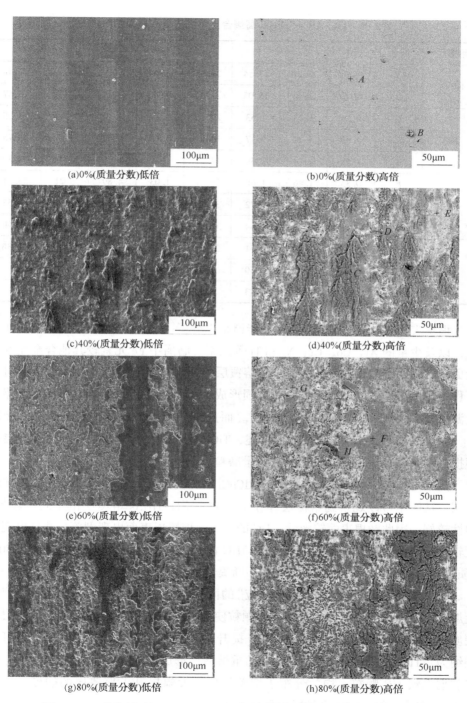

(a)0%(质量分数)低倍

(b)0%(质量分数)高倍

(c)40%(质量分数)低倍

(d)40%(质量分数)高倍

(e)60%(质量分数)低倍

(f)60%(质量分数)高倍

(g)80%(质量分数)低倍

(h)80%(质量分数)高倍

图 3-27　不同添加量下的 TiC/AlCoCrFeNi 高熵合金复合熔覆层磨损形貌

表 3-8   TiC/AlCoCrFeNi 高熵合金熔覆层磨损表面微区成分   at. %

熔覆层	区域	Al	Co	Cr	Fe	Ni	Ti	C	O
HEAs	A	15.68	17.30	17.54	29.95	16.71	—	—	2.86
	B	12.67	14.87	15.05	27.02	14.72	—	—	15.67
T40	C	0.26	1.23	1.53	29.46	0.67	2.10	11.20	53.55
	D	1.69	3.20	3.17	19.89	3.18	8.68	11.44	48.75
	E	1.58	1.17	1.39	14.21	1.23	2.16	47.86	30.39
T60	F	0.33	1.46	1.66	31.71	1.03	4.89	5.21	53.71
	G	2.17	4.14	3.72	37.36	3.89	7.77	6.42	34.53
	H	0.09	0.72	0.84	6.53	0.74	49.08	40.16	1.84
T80	I	0.28	0.02	0.51	27.11	0.16	1.11	10.45	60.36
	J	2.54	2.99	2.50	67.24	3.09	3.15	14.74	3.76
	K	0.92	1.49	1.13	5.83	1.39	45.39	43.86	—

根据表 3-8 中 C、F 和 I 微区的能谱结果分析，磨屑主要含有 Fe、C 和 O 元素，以及少量的 Al、Co、Cr、Ni 和 Ti 等元素。磨屑中 Fe 元素较其他合金元素含量更高，主要是 TiC 颗粒大幅增强了熔覆层的硬度，熔覆层与 GCr15 摩擦副对磨过程中摩擦副因硬度较低而被大量磨损形成磨屑。并且磨损中产生大量的摩擦热使温度升高，进一步促进了氧化磨损。而点 H 和 K 中 Ti 和 C 元素原子比接近 1:1，可以判断该相为 TiC。综上所述，TiC/AlCoCrFeNi 高熵合金复合熔覆层的磨损机制是黏着磨损、氧化磨损和微量磨粒磨损。

图 3-28 为 HEAs 熔覆层及 TiC/AlCoCrFeNi 高熵合金复合熔覆层磨损三维形貌图。从图中可以观察到熔覆层存在 U 型的犁沟，HEAs 熔覆层由于硬度较低、塑性较好，因此磨损表面较光滑。TiC 的引入使熔覆层表面出现剥落，并且出现深度较大的犁沟，表现出黏着磨损特征。TiC 添加量从 40%（质量分数）提升至 80%（质量分数），由于熔覆层表层的硬度不断提升，磨损表面的剥落现象逐渐减缓。

从磨损结果可以得出，"高熵效应"的固溶强化效应提升 AlCoCrFeNi 高熵合金熔覆层的耐磨性能有限，添加 TiC 颗粒使其成为 AlCoCrFeNi 高熵合金熔覆层的硬质相可以大幅提升其耐磨性能。TiC 提升高熵合金熔覆层耐磨性能的机制可以归纳为：TiC 原始颗粒经过激光热源的重熔后，形成了 1~50μm 的近球形、花瓣状和羽毛状 TiC 颗粒，均匀分布于熔覆层中，大幅提升了熔覆层的硬度，根据 Archard 定律，材料的耐磨性随着硬度而提升。

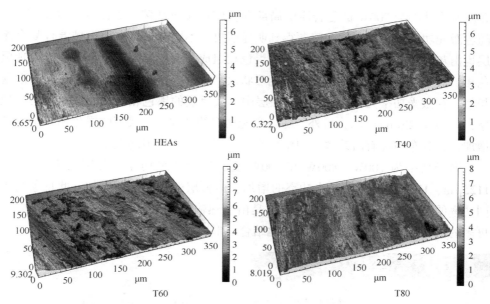

图 3-28　TiC/AlCoCrFeNi 高熵合金复合熔覆层磨损三维形貌

　　TiC 熔化后，部分 C 原子溶于母相中，加剧了晶格畸变使固溶强化效果更显著。并且 TiC 熔点较高，在熔池凝固时会率先析出，可以促进母相异质形核并细化晶粒。TiC 与 AlCoCrFeNi 高熵合金界面结合良好，没有裂纹、气孔等缺陷，避免了 TiC 剥落带来的磨损加剧，并且 TiC 颗粒在晶界中的钉扎作用增强了熔覆层的力学性能。当磨损发生时，由于 TiC 硬度远高于 AlCoCrFeNi 高熵合金母相，当硬度较低的母相磨损后，TiC 颗粒暴露在表面与摩擦副直接接触，小尺寸的近球形 TiC 颗粒作为增强相可以减缓母相的塑性变形，大尺寸的 TiC 颗粒具有支撑作用，可将摩擦载荷传递给母相，并协同母相塑性变形释放应力，减缓摩擦副对复合涂层的切削作用。摩擦副与 TiC 颗粒摩擦时产生的氧化物磨屑，使摩擦系数降低，也起到了减磨作用。

3.4　不同激光功率下 TiC 与高熵合金复合涂层

3.4.1　复合涂层的微观形貌与物相

（1）截面微观形貌与成分

图 3-29 为不同激光功率下机械混合 TiC/AlCoCrFeNi 复合涂层的显微组织形貌。由图可看出，不同激光功率的复合涂层内部组织较为致密，没有明显的气

孔。激光功率为700W的复合涂层局部存在较多裂纹缺陷，如图3-29(b)所示，随着激光功率的增加，这一问题得到明显解决。不同激光功率的机械混合复合涂层均由灰色衬度的基相与尺度不一的黑色相组成，而单一高熵合金涂层未出现黑色相。其中，各复合涂层中的黑色相形状尺寸不一、棱角分明，与TiC粉末形貌相似。在激光功率为700W的复合涂层中，大尺度的黑色相呈现团簇、聚集的现象，如图3-29(b)所示。另外，随着激光功率的增加，大尺度的黑色相含量逐渐增加，且分布情况有所改善，但整体来看，仍存在不均匀的现象。

激光功率为700W、800W和900W复合涂层的平均厚度分别约为917μm、1125μm、1250μm，随着激光功率的增加，熔覆层的厚度逐渐增加，此现象与不同功率的单一高熵合金涂层一致。这是由于热输入的增加，导致了熔池的增大，更多的机械混合熔覆粉末与基体熔化结合，形成更厚的复合熔覆层。

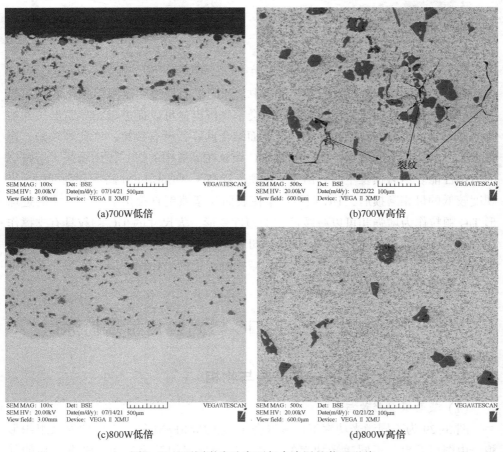

图3-29　不同激光功率下复合涂层的截面形貌

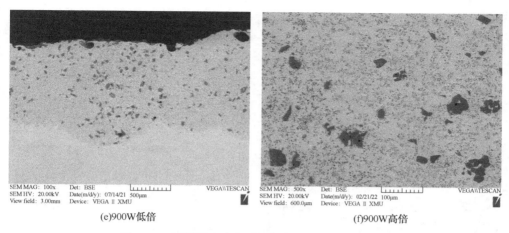

|(e)900W低倍|(f)900W高倍|

图 3-29　不同激光功率下复合涂层的截面形貌（续）

不同激光功率下机械混合复合涂层的表面均存在一层与内部一致的黑色相，但厚度不均匀，如图 3-30 所示。

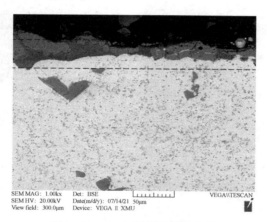

图 3-30　700W 顶部局部放大图

图 3-31 为不同激光功率的 TiC/AlCoCrFeNi 高熵合金熔覆层截面组织形貌。表 3-9 为不同激光功率下各复合涂层点扫结果。由图 3-31 可明显看出，不同激光功率复合涂层内部除基体相外，还含有尺度不一的黑色相。相关文献表明，TiC 属于 FCC 相结构，颗粒状的 TiC 通常以方块状形式存在于合金组织中，结合表 3-9A 区域能谱分析结构可知，黑色大颗粒为 TiC，棱角分明的形状说明熔覆过程中 TiC 未熔化。B 区域除 Fe 元素外，Al、Co、Cr、Ni 的原子比接近 1∶1，且仅含有少量的 Ti 与 C，为涂层母相区。小尺寸的黑色衬度相大面积分布在涂层内部，C 区域中除少量其他元素外，大部分元素为 Ti 与 C，且二者接近 1∶1。因

此 C 区域中黑色衬度的小尺寸相为 TiC。

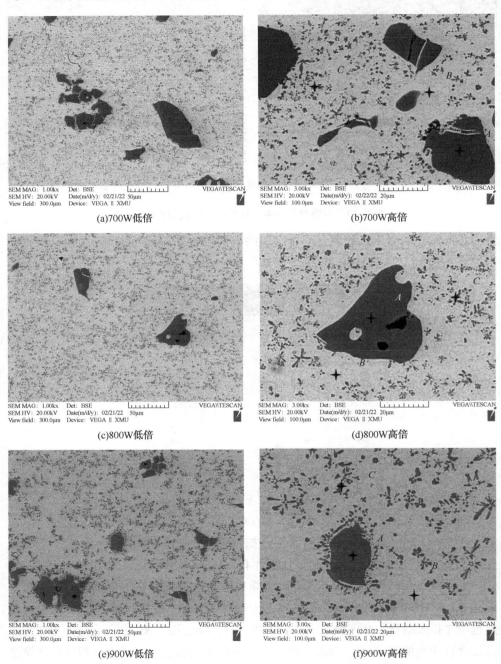

(a)700W低倍

(b)700W高倍

(c)800W低倍

(d)800W高倍

(e)900W低倍

(f)900W高倍

图 3-31　不同激光功率下复合涂层的显微组织

图 3-31（b）中，双尺度的 TiC 分散在涂层内部，一部分大颗粒 TiC 内部以及与高熵合金结合区存在间隙。随着激光功率的增加，形成熔池的质量提升，复合涂层的组织正逐步均匀化。从图 3-31（f）中可以看出，当激光功率为 900W 时，大尺度 TiC 分布更加均匀，小尺度的 TiC 呈雪花状，分散在涂层内部，复合涂层的性能得以强化。

由上述分析结果可知，随着功率的增加，熔覆层内的组织结构趋于均一，且小尺度 TiC 具有明显的形状特征。这是由于输入能量明显提升了复合涂层的熔池质量，组织细化，大尺度 TiC 分布均匀有序。而且在熔覆过程中，尺寸小的 TiC 相析出后弥散分布于整个涂层。此外，析出的 TiC 分布比较均匀，未发生团簇，在熔覆过程中可视为异质形核点增加形核速率。因此，析出的 TiC 限制了涂层晶粒的生长，可以细化熔覆层晶粒。

另外，由于密度、送粉均匀性等原因，大颗粒 TiC 在涂层中的分布不均匀，小尺寸 TiC 分布较为均匀。两个尺度的 TiC 在涂层中起到了弥散强化等作用，将会显著提升涂层硬度，进而提升涂层耐磨性。值得注意的是大颗粒 TiC 颗粒在涂层中分布不均匀，这会导致增强涂层出现硬度和耐磨性不均匀等问题。

表 3-9　不同激光功率下各复合涂层点扫结果　　%（质量分数）

激光功率	区域	Al	Co	Cr	Fe	Ni	Ti	C
700W	A	—	—	—	1.28	—	81.42	17.30
	B	1.52	4.52	3.73	79.61	4.57	1.32	4.73
	C	0.45	—	1.37	20.44	0.83	64.87	12.05
800W	A	—	—	—	0.62	—	81.74	17.64
	B	1.47	4.00	3.58	80.53	3.80	6.62	—
	C	0.45	1.47	1.74	31.86	1.20	44.89	18.39
900W	A	—	—	—	0.93	—	76.75	22.32
	B	2.66	4.90	3.91	81.89	4.18	1.50	—
	C	0.69	—	1.61	31.24	1.01	47.56	17.89

图 3-32 为不同激光功率下机械混合复合涂层局部面扫图。由图可以看出，各复合涂层中各元素分布比较均匀，未出现明显成分偏析，但 C、Ni、Co 元素含量相对较少。其中，大尺度黑色颗粒处 Ti、C 两种元素含量明显较高，这表明复合涂层中的大尺度黑色颗粒为 TiC。另外，复合涂层中小尺度 TiC 分布较为均匀。由图 3-32（b）、（d）、（f）能谱结果可知，除 Fe 元素之外，高熵合金各元素原子比接近 1：1，Ti 和 C 含量相近。

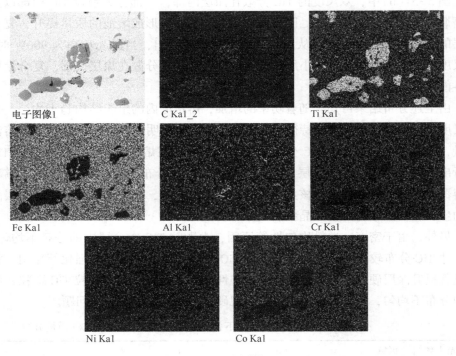

(a)700W元素分布

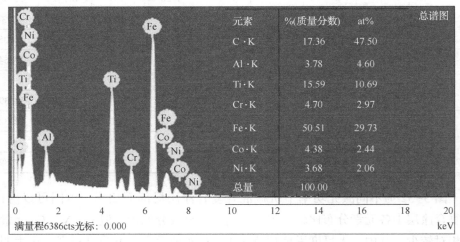

元素	%(质量分数)	at%	总谱图
C·K	17.36	47.50	
Al·K	3.78	4.60	
Ti·K	15.59	10.69	
Cr·K	4.70	2.97	
Fe·K	50.51	29.73	
Co·K	4.38	2.44	
Ni·K	3.68	2.06	
总量	100.00		

满量程6386cts光标: 0.000

(b) 700W能谱结果

图 3-32　激光功率 900W 复合涂层局部面扫

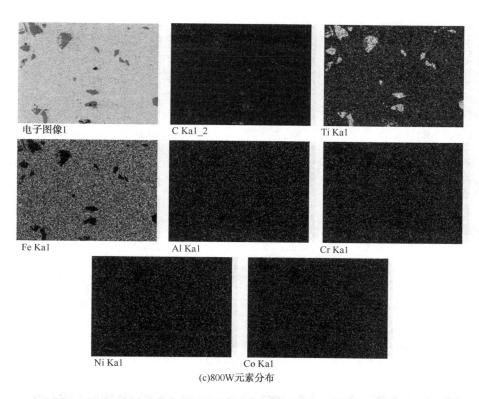

电子图像1　　　　C Ka1_2　　　　Ti Ka1

Fe Ka1　　　　Al Ka1　　　　Cr Ka1

Ni Ka1　　　　Co Ka1

(c)800W元素分布

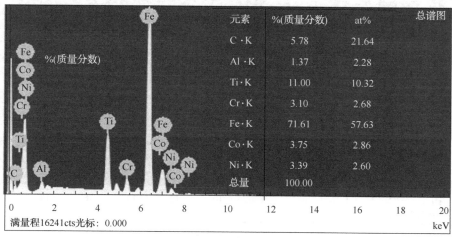

元素	%(质量分数)	at%	总谱图
C·K	5.78	21.64	
Al·K	1.37	2.28	
Ti·K	11.00	10.32	
Cr·K	3.10	2.68	
Fe·K	71.61	57.63	
Co·K	3.75	2.86	
Ni·K	3.39	2.60	
总量	100.00		

满量程16241cts光标：0.000　　　　　　　keV

(d)800W能谱结果

图 3-32　激光功率 900W 复合涂层局部面扫(续)

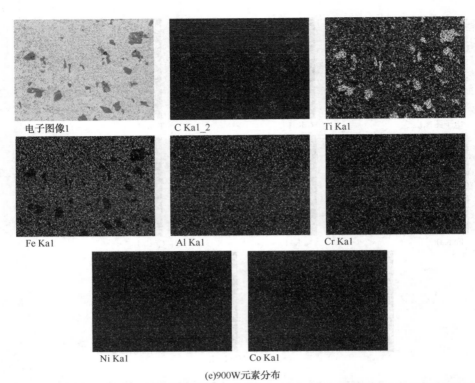

(f) 900W能谱结果

图 3-32　激光功率 900W 复合涂层局部面扫(续)

　　图3-33为激光功率900W下复合涂层界面处的元素分布图。由图可以看出，复合涂层与基体之间元素相互扩散形成一个明显的元素过渡区域，复合涂层与基体元素之间相互扩散，表明复合涂层与基体形成良好的冶金结合，与高熵合金涂层类似。但此过渡区与高熵合金涂层过渡区域相比较窄，说明引入的 TiC 颗粒有助于降低高熵合金涂层的稀释率。此外，复合涂层中 Fe 元素曲线较高，与高熵合金涂层一致，表明熔覆过程中基体中的 Fe 元素也进入复合涂层，这也解释了复合涂层局部面扫中 Fe 元素含量偏高的现象。曲线在不规则颗粒处 Ti 与 C 元素含量显著升高，也进一步证实了涂层中未熔颗粒为 TiC。

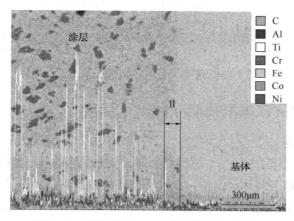

图 3-33　激光功率900W复合涂层界面线扫

（2）涂层物相分析

　　图3-34为不同功率复合涂层的 XRD 图谱。由图 3-34（a）可知，不同功率的复合涂层由 BCC 固溶体和 TiC 两相组成，而单一的 AlCoCrFeNi 高熵合金涂层仅存在 BCC 固溶体相。因此，TiC 的加入没有改变原始高熵合金涂层中的相组成，也未形成其他复杂相。随着激光功率的增加，TiC 相衍射峰呈增强趋势。另外结合图 3-34（b）XRD 局部图可以看出，BCC 相衍射峰强度呈减弱趋势，且衍射角发生小幅度偏移，这表明 TiC 相的含量逐渐增加。由软件分析结果显示，700W、800W、900W 复合涂层中 TiC 含量分别约为 32%、36%、39%。随着激光功率的增加，TiC 含量逐渐增加，且含量均小于初始混合含量，这是由于与高熵合金相比，TiC 粉末形状不规则、尺寸较小，导致粉末流动性差，造成送粉效率低于高熵合金粉末。另外，TiC 粉末的密度较高熵合金粉末偏低，这会导致 TiC 有上浮趋势，致使熔覆层中 TiC 含量进一步降低。

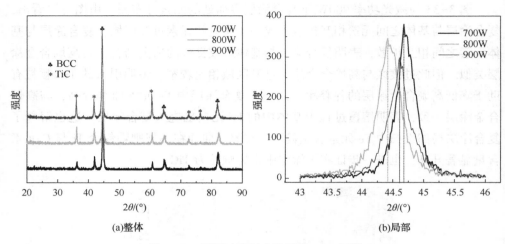

图 3-34　不同功率复合涂层的 XRD 图谱

3.4.2　涂层摩擦磨损能

（1）涂层硬度

图 3-35 为不同激光功率下机械混合 TiC/AlCoCrFeNi 复合涂层截面显微硬度曲线。与单一高熵合金涂层类似，涂层和基体的显微硬度相对稳定，过渡区域下降较快，表明涂层的组织分布较均匀。结合图 3-35 可以清楚地看到复合涂层的显微硬度远高于单一高熵合金涂层，证明引入 TiC 确实对提升高熵合金涂层硬度起着积极的作用。其中，激光功率为 700W 的机械混合复合涂层的显微硬度出现

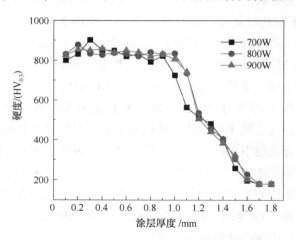

图 3-35　不同激光功率下复合涂层截面显微硬度曲线

较大的波动，主要是由于复合涂层中大颗粒 TiC 在局部区域聚集以及局部区域存在一部分裂纹。另外随着功率的增加热输入增加，复合涂层中的 TiC 含量逐步提高，且大颗粒 TiC 得以更均匀地分布在熔覆层中，熔覆层的硬度也会得到提升。

激光功率 700W、800W 和 900W 的机械混合复合涂层平均硬度值分别约为 $833HV_{0.3}$、$836HV_{0.3}$、$837HV_{0.3}$。与基体相比，没添加 TiC 颗粒的高熵合金涂层显微硬度提升了约 1.5 倍。而加入 TiC 颗粒后，熔覆层的显微硬度显著提升，当激光功率为 900W 时，机械混合复合涂层的平均显微硬度约是同一激光功率下高熵合金涂层的 1.8 倍，基体的 4.7 倍。

从上述分析中可知，不同激光功率下高熵合金复合涂层的显微硬度明显高于单一高熵合金涂层，证实 TiC 的引入确实对提高高熵合金涂层的显微硬度起着积极的影响。其原因可以从两个方面解释：一方面高熵合金复合涂层中尺寸较大的 TiC 颗粒充当硬质相与在晶界处析出尺寸较小的 TiC 颗粒弥散分布极大地提升了高熵合金复合涂层的显微硬度；另一方面引入的 TiC 作为硬质颗粒，可以限制高熵合金复合涂层晶粒的生长。根据 Hall-Patch 理论可知，细晶强化在一定程度上也可以提升材料强度。另外随着功率的增加、热输入增加，TiC 颗粒得以更均匀地分布在熔覆层中，熔覆层的硬度也会得到提升。

（2）涂层摩擦磨损性能

表 3-10 为不同激光功率下 TiC/AlCoCrFeNi 机械混合复合涂层的磨损数据。激光功率为 700W、800W 和 900W 的机械混合复合涂层的磨损失重值分别为 3.0mg、2.4mg、1.2mg。可以看出，各功率复合涂层磨损失重相差不大，且较小。相比单一高熵合金涂层，各功率下复合涂层的磨损量与磨损体积出现极大的降低。在相同的磨损条件下，各功率复合涂层的体积磨损率较同功率下高熵合金涂层下降了约 90% 以上，这说明引入 TiC 有效地提高了高熵合金的耐磨性能。

表 3-10　不同激光功率下机械混合复合涂层的磨损数据

激光功率/W	磨损质量/mg	磨损体积/($\times 10^{-1}mm^3$)	体积磨损率/($\times 10^{-3}mm^3/min$)
700	3.0	4.9	16
800	2.4	3.9	13
900	1.2	2.0	6.6

图 3-36 为不同功率下 TiC/AlCoCrFeNi 机械混合复合涂层的摩擦系数曲线。如曲线所示，各摩擦系数曲线从起始位置急剧上升，到 600s 后趋于稳定，不存在大范围波动。激光功率为 700W、800W 和 900W 的高熵合金复合涂层的平均摩擦系数值分别约为 0.52、0.45、0.33。可以看出，随着激光功率的增加，平均摩

擦系数明显降低，这主要得益于复合涂层大颗粒未熔 TiC 分布均匀化，裂纹等缺陷逐渐减少消除。激光功率 900W 的高熵合金复合涂层显示出最低的摩擦系数值，较同功率高熵合金涂层降低了约 27%，且曲线相对平滑，波动幅度较低。因此，其耐磨性能最优。

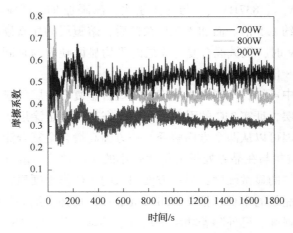

图 3-36 不同激光功率下复合涂层的摩擦系数曲线

图 3-37 为不同功率下 TiC/AlCoCrFeNi 机械混合复合涂层的磨损形貌。由图可知，磨损表面存在划痕、磨屑和凹槽，表明涂层在磨损的过程中发生了黏着磨损和磨粒磨损。在图 3-37(a)中，机械混合复合涂层的磨损表面上存在大量磨屑和部分凹槽，一方面是由于激光功率为 700W 的复合涂层组织结合强度较低，另一方面复合涂层的显微硬度相对偏高，导致对磨材料磨损严重，产生的磨屑附着于试样表面。附着的大量磨屑导致各功率复合涂层相较于单一高熵合金涂层的磨损失重进一步降低，使得其磨损体积与体积磨损率下降幅度较大。

另外，不同激光功率下机械混合复合涂层均未出现撕裂和脱落现象，划痕明显减少，表面附着的磨屑逐步均匀化。相比于单一高熵合金涂层，其表面磨损形貌获得明显改善。这是由于引入 TiC 极大地提升了高熵合金的硬度，并且涂层中的 TiC 充当硬质相，与对磨材料 45 钢在磨损过程中有效地保护涂层。各复合涂层磨损表面均存在小凹槽，这是由于大颗粒 TiC 质地较硬，难以磨损，但在磨损过程中与母相结合力逐渐降低，造成颗粒整体剥离的现象。

表 3-11 为不同激光功率下复合涂层磨损形貌点扫结果。其中，各功率复合涂层中 Fe 元素含量占全部的一半以上，这说明由于各功率复合涂层显微硬度值偏高，表面各区域都不同程度地附着了对磨材料 45 钢。另外，各功率复合涂层 A 区域中母相元素(Al、Co、Cr、Ni)含量相对较低，但其原子比接近 1∶1，这与

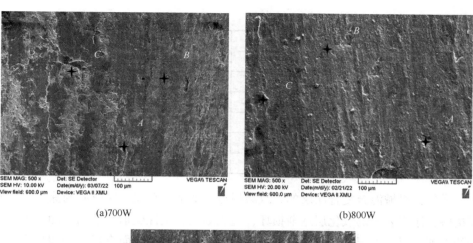

(a)700W　　　　　　　　　　　　　(b)800W

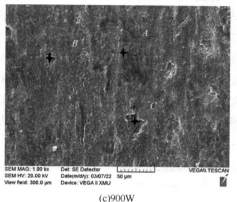

(c)900W

图3-37　不同激光功率下复合涂层的磨损形貌

复合涂层中母相元素比例相吻合。而 Ti、C 这两种元素含量相对较低，且其原子比也接近1:1。B 区域中 Ti、C 这两种元素原子比接近1:1，且含量相对较高，而相对 A 区域，母相元素(Al、Co、Cr、Ni)含量更低，但其原子比例不变。C 区域中 Fe 与 O 两种元素的含量均在90%以上，这说明 C 区域为附着在复合涂层磨损表面的磨屑。各复合涂层中均存在不同含量的 O 元素，表明复合涂层在磨损过程中除了发生黏着磨损和磨粒磨损外，还存在氧化磨损。

表3-11　不同激光功率下复合涂层磨损形貌点扫结果　%(质量分数)

激光功率	区域	Al	Co	Cr	Fe	Ni	Ti	C	O
700W	A	1.07	4.06	4.00	68.44	3.77	8.47	1.98	8.20
	B	2.22	2.31	2.05	54.49	1.80	15.32	3.88	17.93
	C	0.21	0.22	0.29	87.76	0.00	0.92	2.01	8.60

续表

激光功率	区域	Al	Co	Cr	Fe	Ni	Ti	C	O
800W	A	1.74	5.79	5.61	61.73	4.93	5.28	3.70	11.20
	B	0.58	3.35	2.70	66.99	2.90	6.78	6.02	10.68
	C	0.11	0.55	0.00	90.40	0.02	0.48	3.59	4.86
900W	A	1.58	5.95	4.36	60.38	4.51	7.29	4.81	11.11
	B	0.83	3.78	3.53	62.82	3.82	8.14	5.90	11.19
	C	0.02	0.20	0.15	71.59	0.08	1.14	2.62	24.20

另外，机械混合复合涂层的大致磨损过程如下：首先，摩擦副与涂层表面相互接触，涂层表面的氧化层逐渐损坏，造成划痕、塑性变形和磨屑。随着磨损试验的发展，复合涂层中的母相与摩擦副接触，使得涂层表面有轻微的塑性变形和剥落，且磨损表面有微裂纹。同时，复合涂层中的大颗粒 TiC 逐渐暴露在磨损表面上。由于其硬度高于高熵合金基体，在磨损过程中减少了与摩擦副的接触面积，磨损程度有所改善。随着磨损时间的增加，大颗粒 TiC 与高熵合金之间的结合力降低，导致其离开高熵合金涂层成为新的磨损源，然后继续参与到后续的磨损过程，造成磨粒磨损，直到随着磨屑一同消失于磨损区域。机械混合复合涂层磨损示意图如图 3-38 所示。

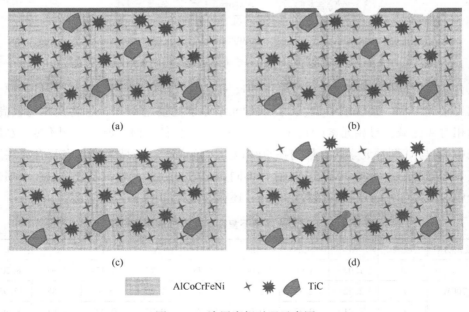

(a)　　　　　　　　　　　　(b)

(c)　　　　　　　　　　　　(d)

▨ AlCoCrFeNi　★ ✹ ◆ TiC

图 3-38　涂层磨损过程示意图

根据 Archard 定律，材料本身硬度越高，其耐磨性越好。机械混合复合涂层中 TiC 的加入显著提升了涂层的显微硬度，使得涂层在磨损过程中的失重大大降低，在摩擦磨损的过程中表现出良好的耐磨性能。此外，晶界附近析出的 TiC 颗粒弥散分布于涂层中，在大尺度 TiC 颗粒磨损后，充当硬质相继续保护涂层，有效地抵抗了摩擦副对涂层的磨损，提高了复合涂层的耐磨性。这种现象是由于晶界附近 TiC 颗粒的钉扎效应增强了材料的性能。

此外，非平衡凝固的均匀精细微观结构赋予涂层高韧性和强度的良好组合，从而使涂层具有良好的抗分层和剥落性能。而且随着激光功率的增加，复合涂层中未熔 TiC 颗粒的团簇、聚集现象得以改善，局部组织更加致密，在一定程度上提高了其抵抗磨损的能力。因此，引入 TiC 的复合涂层的磨损现象得到明显改善。对比不同功率下单一高熵合金涂层与复合涂层的显微硬度及摩擦磨损试验分析可以得出，引入 TiC 可以提高高熵合金涂层的硬度、降低摩擦系数，在高熵合金涂层中能充分发挥其耐磨性能。

第4章 固体润滑剂增强
AlCoCrFeNi 高熵合金耐磨性能

4.1 固体润滑剂形貌及粉末配比

4.1.1 MoS₂ 粉末表征

MoS₂是常用的固体润滑相。本文选用 MoS₂颗粒作为熔覆层自润滑相，其表面形貌如图 4-1 所示，具有片层状结构，粒度介于 $1 \sim 3 \mu m$，由于表面能较大，MoS₂粉末存在部分团聚的现象。

(a)低倍   (b)高倍

图 4-1 MoS₂粉末形貌

4.1.2 Ni@MoS₂粉末表征

图 4-2 是 Ni 包覆 MoS₂的粉末微观形貌（Ni@MoS₂）。本文使用的 Ni@MoS₂粉末由北京联合涂层生产，其中 Ni：75%（质量分数），MoS₂：25%（质量分数），粉末粒径在 $50 \sim 150 m$。Ni@MoS₂粉末呈实心，粉末中心是 MoS₂，外侧是 Ni，具体元素分布如图 4-3所示。

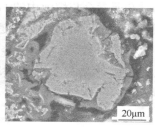

(a)低倍　　　　　　　　　　(b)高倍　　　　　　　　　　(c)截面

图 4-2　Ni@ MoS$_2$ 粉末形貌

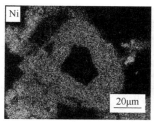
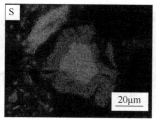
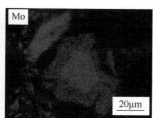

图 4-3　Ni@ MoS$_2$ 粉末元素分布

4.2　MoS$_2$ 增强熔覆层耐磨性能

目前所报道增强熔覆层耐磨性的方式，除了增加硬度提升熔覆层耐磨性能外，通过降低摩擦系数也是减少熔覆层磨损的有效方式。MoS$_2$ 是一种广泛使用的固体润滑剂，具有良好的减磨效果，因此将 MoS$_2$ 作为润滑相引入高熵合金熔覆层中，以期降低熔覆层在磨损过程中摩擦系数，并达到自润滑的效果。MoS$_2$ 添加量分别为 3%（质量分数）、6%（质量分数）和 9%（质量分数），分别对应 M3、M6 和 M9 高熵合金自润滑熔覆层。

4.2.1　熔覆层的物相组成及微观组织

（1）高熵合金自润滑熔覆层物相分析

图 4-4 为添加 3%（质量分数）、6%（质量分数）和 9%（质量分数）MoS$_2$ 的 MoS$_2$/AlCoCrFeNi 自润滑熔覆层的 XRD 图谱。从图谱结果可以发现，添加自润滑相 MoS$_2$ 后高熵合金熔覆层的主要物相仍是 BCC 相，出现了 CrS、FeS、CoS 等硫化物的衍射峰，但是衍射峰的强度较小。其主要原因是 MoS$_2$ 在 1370℃时会开始分解，在激光热源的高能作用下分解为 Mo 和 S 元素，而 MoS$_2$ 的吉布斯自由能较

高，S元素会与熔池中的Fe、Cr、Co等元素优先结合形成硫化物。由于硫化物含量较少，因此衍射峰的强度较低，在图中没有明显的衍射峰。当MoS$_2$添加量达到9%（质量分数）后，复合熔覆层中出现了FCC相，说明MoS$_2$含量增加会引起AlCoCrFeNi高熵合金的相结构转变。

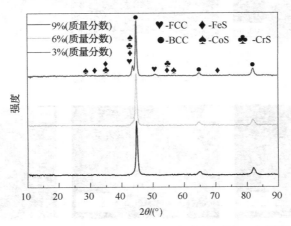

图4-4　MoS$_2$/AlCoCrFeNi自润滑复合熔覆层XRD图谱

（2）高熵合金自润滑熔覆层微观组织分析

图4-5为不同MoS$_2$添加量的高熵合金自润滑熔覆层截面形貌。从图中可以看出，高熵合金自润滑熔覆层的组织均匀，结构致密，与基体达到了良好的冶金结合，未出现熔合不良等缺陷。以熔覆层顶部到底部界面的距离作为熔覆层的厚度，根据统计，M3、M6和M9自润滑熔覆层厚度约为1450μm、1650μm和1800μm。随着MoS$_2$添加量的增高，熔覆层厚度逐渐增加影响了熔覆层底部与基体熔合结合的部分，使M3熔覆层具有更小的稀释率。自润滑熔覆层与AlCoCrFeNi高熵合金熔覆层厚度（1050μm）相比均有所增加，激光熔覆扫描速度的降低使熔池Marangoni对流增强，熔池向外铺展扩张，以及单位长度上熔化的粉末更多造成熔覆层厚度更大。

图4-6为不同MoS$_2$添加量下高熵合金自润滑熔覆层顶部、中部和底部的显微组织图。表4-1列举了图4-6中M9熔覆层典型区域的EDS元素分析结果。从图4-6可以看出自润滑熔覆层的母相均为灰色衬度，从表4-1中点A、C、F的化学成分可知，Al、Co、Cr、Ni含量接近等原子比，Fe元素含量升高，与AlCoCrFeNi高熵合金熔覆层中母相化学成分呈现相似的规律，表明MoS$_2$/AlCoCrFeNi自润滑熔覆层中的母相为AlCoCrFeNi高熵合金，Fe元素的升高源于基体的稀释作用，Mo和S来自MoS$_2$的分解。

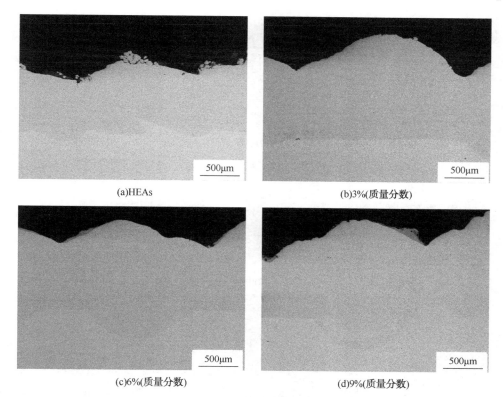

(a)HEAs

(b)3%(质量分数)

(c)6%(质量分数)

(d)9%(质量分数)

图 4-5　不同 MoS_2 添加量高熵合金自润滑熔覆层截面形貌

表 4-1　9%(质量分数) MoS_2/AlCoCrFeNi 高熵合金熔覆层典型微区成分 at. %

位置	区域	Al	Co	Cr	Fe	Ni	Mo	S
顶部	A	12.81	14.16	13.89	37.19	14.1	4.05	3.8
	B	10.38	10.39	22.42	23.68	11.05	6.02	16.06
中部	C	14.57	14.43	13.66	35.33	15.48	3.3	3.23
	D	8.23	9.16	25.99	24.79	8.48	3.78	19.52
	E	13.29	13.54	12.78	45.23	13.92	1.24	—
底部	F	9.32	9.88	9.69	54.60	9.57	1.14	1.38
	G	7.76	8.33	29.95	19.79	8.42	1.71	24.04
	H	9.05	9.60	9.40	62.05	9.32	0.58	—

　　自润滑熔覆层的顶部、中部和底部均分布有斑点状黑色衬度的相，主要分布于晶界。根据点 B、D、G 的能谱结果分析，黑色物相中的 S 元素含量较高且均含有 Al、Co、Cr、Fe、Ni、Mo 等元素，因此该相可能为 CrS、FeS、CoS、MoS_2、

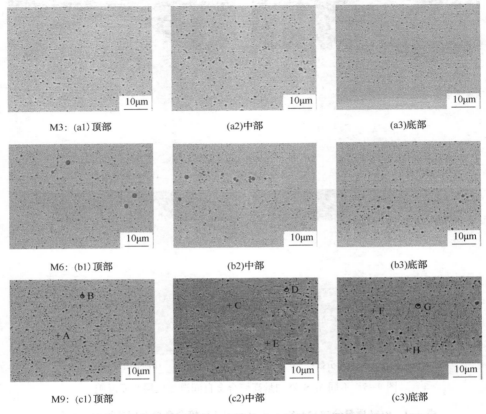

M3：(a1)顶部　　　　　　　(a2)中部　　　　　　　(a3)底部

M6：(b1)顶部　　　　　　　(b2)中部　　　　　　　(b3)底部

M9：(c1)顶部　　　　　　　(c2)中部　　　　　　　(c3)底部

图 4-6　不同含量 MoS_2 高熵合金自润滑熔覆层截面形貌

Mo_2S_3 等构成的富硫化合物，可作为一种富硫自润滑相。此外，M9 熔覆层中部还观察到有白色的条状物相，根据点 E 的成分可知，该相不含有 S 元素，但 Fe 元素含量较母相更高，结合 XRD 结果推断，该相由 Al、Co、Cr、Fe、Ni、Mo 等元素构成的 FCC 结构简单固溶体。熔覆层底部界面处则形成了过渡层，过渡层的晶粒以簇状形式向熔覆层生长，厚度约 20μm。

　　比较熔覆层顶部、中部和底部母相的元素成分发现，熔覆层底部的 Fe 元素含量较顶部和中部明显增多，表明基体的稀释作用是母相 Fe 元素升高的主要原因。根据图像中面积占比统计熔覆层中的自润滑相含量，熔覆层底部、中部、顶部自润滑相含量分别为 5.0%、6.8%、8.6%。自润滑相含量由熔覆层底部向熔覆层顶部增加的原因是 S 元素的分布不均匀。S 元素在 444℃ 时便可气化，当 MoS_2 分解成 Mo 和 S 元素后，S 元素在熔池的高温下气化逸出，与前文中 AlCoCrFeNi 高熵合金熔覆层中气孔分布差异的原因一致，在此不再赘述。而二者

差异在于 S 元素在上浮逸出的过程中，会与熔池中的合金元素反应，因此大部分
S 元素以自润滑相的形式分布于晶界中并且自底部向顶部增加。

图 4-7 为 9%（质量分数）MoS₂高熵合金自润滑熔覆层底部界面 EDS 线扫元素
分布图。从线扫分布图可以看出，熔覆底部由于稀释作用强烈，各元素在熔覆层
深度方向上存在波动，在界面处存在元素急剧变化的过渡区域，在过渡区域内
Fe 元素含量向基体方向大幅升高，而 Al、Co、Cr、S、Ni、Mo 等元素则下降。

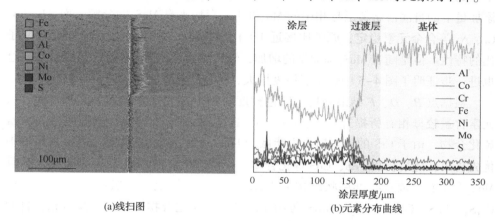

(a)线扫图　　　　　　　　　　　　　　　　(b)元素分布曲线

图 4-7　9%（质量分数）MoS₂高熵合金自润滑熔覆层底部界面处线扫图

图 4-8 为 9%（质量分数）MoS₂自润滑熔覆层底部元素面扫图，也证明了熔覆
层与基体具有明显的分界线。Mo 元素和 S 元素在熔覆层中含量高于基体，说明
熔覆层中的 Mo 和 S 来自 MoS₂粉末的分解。与 AlCoCrFeNi 高熵合金熔覆层不同，
在 M9 自润滑熔覆层的底部出现了 Fe 元素富集、高熵合金元素减少的过渡带，
主要是熔覆层厚度增加，元素扩散时间更长以及熔池对流导致的。

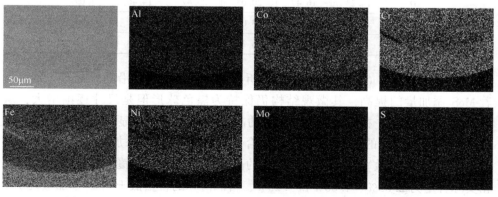

图 4-8　9%（质量分数）MoS₂高熵合金自润滑熔覆层底部界面处面扫图

图4-9为添加3%（质量分数）、6%（质量分数）、9%（质量分数）MoS_2的AlCoCrFeNi高熵合金自润滑熔覆层截面典型微观形貌图。表4-2列举了图4-9中高熵合金自润滑熔覆层典型微区的EDS能谱结果。从图4-9低倍图中可以看出，熔覆层的母相均为灰色衬度，分布有黑色圆形块状的相，在MoS_2添加量超过6%（质量分数）时黑色物相的尺寸增大，并且在6%（质量分数）MoS_2的熔覆层中有更多大尺寸黑斑状的相。表4-2中点A、C、E能谱结果表明三种不同MoS_2添加量下的自润滑熔覆层母相中的Mo和S元素均来自MoS_2的分解。而Al、Co、Cr、Ni等合金元素稳定，原子比接近1：1，熔覆层保持了高熵合金组元等原子比的特性。但是随着MoS_2添加量的增加，熔覆层母相中的Fe元素逐渐升高，这也进一步证明了图4-5中熔覆层厚度增大，稀释作用增强。

根据点B、D、F结果分析，黑色衬度物相中S元素含量显著高于母相，Cr元素含量较母相有所提升，Al、Co、Ni、Fe元素则低于母相，表明黑色相为富硫化合物。由于CrS的吉布斯自由能低于FeS、NiS、MoS_2，因此CrS会在熔池中优先析出，随后析出FeS、CoS等化合物，使富硫化合物中的Cr元素更高，并且MoS_2会重新生成具有准层状结构的Mo_2S_3润滑相。综上推断黑色相为含有CrS、Cr_3S_4、FeS、CoS、MoS_2、Mo_2S_3等物相的富硫金属化合物构成了自润滑相，自润滑相在熔覆层的磨损过程中具有降低摩擦系数的作用。

表4-2 MoS_2/AlCoCrFeNi高熵合金熔覆层典型微区成分　　　　at.%

熔覆层	区域	Al	Co	Cr	Fe	Ni	Mo	S
M3	A	16.97	17.55	22.97	21.76	16.72	0.17	3.85
	B	11.33	15.52	27.55	19.48	15.56	0.88	9.69
M6	C	18.37	18.20	16.35	28.85	17.07	0.13	1.04
	D	14.23	16.47	20.03	25.47	14.46	1.09	8.26
M9	E	13.52	14.55	13.09	42.09	14.51	2.16	0.08
	F	6.63	9.97	25.30	29.12	10.48	2.12	16.39

对图4-9(b)、(d)、(f)进一步分析，富硫化合物主要沿晶界分布，并且随着MoS_2添加量的提高，其微观结构仍保持为黑色球形但是尺寸逐渐增大，从$1\mu m$增大至$3\mu m$左右，自润滑熔覆层的晶界也变得愈发明显。以富硫化合物在熔覆层显微图像中的占比作为富硫化合物的含量，MoS_2添加量为3%（质量分数）、6%（质量分数）、9%（质量分数）的高熵合金自润滑熔覆层的顶部，自润滑相实际含量为2.83%、4.66%和7.23%，自润滑相的含量低于MoS_2添加量说明S元素存在分解逸出，并且分解损失率逐渐升高。

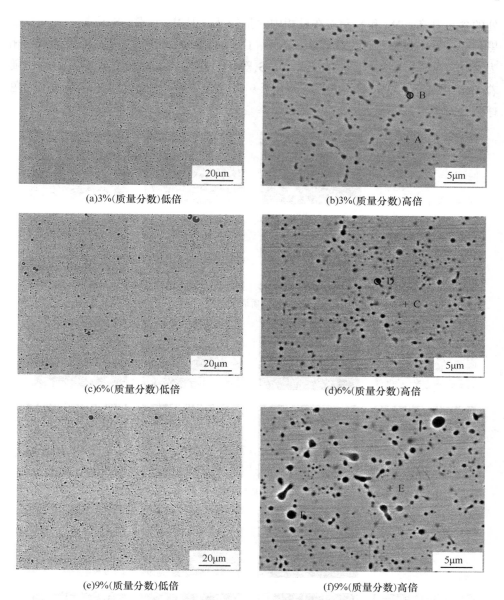

(a)3%(质量分数)低倍 (b)3%(质量分数)高倍

(c)6%(质量分数)低倍 (d)6%(质量分数)高倍

(e)9%(质量分数)低倍 (f)9%(质量分数)高倍

图 4-9　不同 MoS_2 添加量的 AlCoCrFeNi 自润滑熔覆层典型显微组织

　　图 4-10 为不同添加量的 MoS_2/AlCoCrFeNi 自润滑熔覆层局部面扫图。从图中可以看出，高熵合金的迟滞扩散效应使母相中各种元素含量稳定，Co、Fe、Ni 等高熵合金元素稳定分布于各熔覆层中，激光熔覆具有的快速非平衡凝固促使母相中的组织均匀稳定。Al 元素在黑色圆斑状区域的衬度降低，Cr 元素则在圆斑

处的含量升高。Mo 和 S 元素在母相中含量较低，但 Mo 元素、S 元素、Cr 元素在黑色圆斑处明显富集，说明该相富含 S、Cr、Mo 元素，进一步证实了黑色圆斑相为 CrS、Cr_3S_4、FeS、CoS、MoS_2、Mo_2S_3 等化合物构成的富硫化合物。此外，随着 MoS_2 添加量从 3%(质量分数)提升至 9%(质量分数)，硫化物在晶界处的黑色球状处富集更加明显。

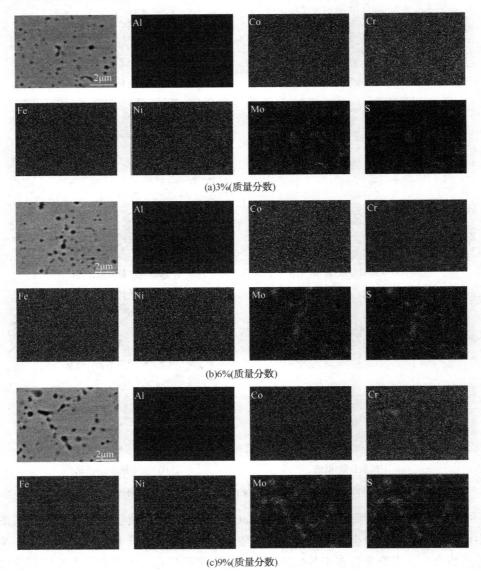

(a)3%(质量分数)

(b)6%(质量分数)

(c)9%(质量分数)

图 4-10 不同添加量下的 MoS_2/AlCoCrFeNi 自润滑熔覆层局部面扫图

4.2.2　熔覆层耐磨性能分析

（1）高熵合金自润滑熔覆层显微硬度

图 4-11 为 AlCoCrFeNi 高熵合金熔覆层和不同 MoS₂ 添加量高熵合金自润滑熔覆层的显微维氏硬度压痕图，四种熔覆层的压痕清晰，菱形压痕尺寸相差不大，表明四者的硬度相近。

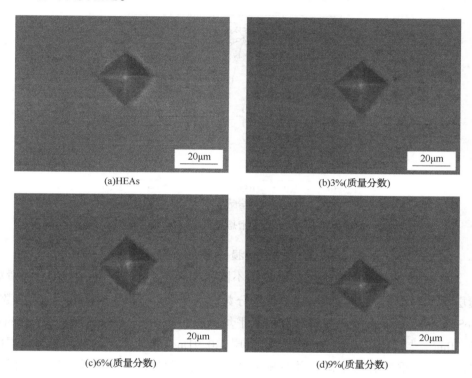

(a)HEAs　　(b)3%(质量分数)

(c)6%(质量分数)　　(d)9%(质量分数)

图 4-11　不同添加量下的 MoS₂/AlCoCrFeNi 自润滑熔覆层显微硬度压痕

图 4-12 为 MoS₂/AlCoCrFeNi 复合熔覆层截面纵向显微硬度分布曲线。由于高熵合金自润滑熔覆层厚度增加，与 AlCoCrFeNi 高熵合金熔覆层相比，自润滑熔覆层的硬度稳定区有所增大，硬度下降的过渡区域变得更小，在熔覆层底部硬度下降速度增快。自润滑熔覆层的硬度较为稳定，但是三种 MoS₂ 添加量下的高熵合金自润滑涂层稳定区的硬度曲线略低于 AlCoCrFeNi 高熵合金熔覆层。3%（质量分数）、6%（质量分数）、9%（质量分数）MoS₂ 添加量的高熵合金自润滑熔覆层平均显微硬度分别为 $570.4HV_{0.3}$、$555.3HV_{0.3}$、$569.5HV_{0.3}$，与 AlCoCrFeNi 高熵合金熔覆层 $577HV_{0.3}$ 的显微硬度相比略有降低。

　　自润滑熔覆层硬度下降的原因是 MoS_2 的引入，使熔覆层中形成了 FeS 等硬度较低的硫化物，导致自润滑熔覆层平均显微硬度有3%的下降，但是 MoS_2 的添加对于熔覆层的硬度没有显著的影响。自润滑熔覆层硬度主要取决于母相高熵合金的硬度，因此自润滑熔覆层保持了纯高熵合金熔覆层 $570HV_{0.3}$ 左右的硬度。6%（质量分数）MoS_2 添加量的高熵合金自润滑熔覆层硬度最低是由于尺寸在 $5\mu m$ 左右的低硬度富硫化合物数量更多造成的。

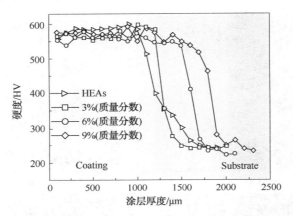

图 4-12　MoS_2/AlCoCrFeNi 自润滑熔覆层截面纵向显微硬度分布曲线

（2）高熵合金自润滑熔覆层摩擦磨损性能

　　图 4-13 中列举了摩擦磨损试验后不同添加量下 MoS_2/AlCoCrFeNi 自润滑熔覆层的平均磨损失重结果。3%（质量分数）、6%（质量分数）、9%（质量分数）MoS_2 添加量的高熵合金自润滑熔覆层平均磨损失重分别为 32.87mg、23.80mg、19.70mg，与 AlCoCrFeNi 高熵合金熔覆层（40.91mg）相比，三种自润滑熔覆层的平均磨损失重均有所下降，并且随着 MoS_2 添加量的增加而降低，分别降低了19.7%、41.8%和51.8%。三种高熵合金自润滑熔覆层的平均显微硬度与纯 AlCoCrFeNi 高熵合金熔覆层的平均显微硬度相近，表明硬度不是造成熔覆层耐磨性能差异的主要原因。

　　图 4-14 为不同添加量下的 MoS_2/AlCoCrFeNi 自润滑熔覆层摩擦系数曲线图。如图所示，各熔覆层的摩擦曲线在磨损的初始阶段不稳定，在前 120s 内迅速升高的主要原因是熔覆层与摩擦副的磨合，稳定后摩擦系数在一定范围内周期波动。从图中可以看出自润滑熔覆层的摩擦系数较未添加 MoS_2 的 AlCoCrFeNi 高熵合金熔覆层有显著降低。AlCoCrFeNi 高熵合金熔覆层的平均摩擦系数为 0.58，添加 3%（质量分数）、6%（质量分数）、9%（质量分数）MoS_2 的自润滑熔覆层平均

摩擦系数为 0.43、0.41、0.39，分别下降了约 25%、29% 及 32%。由此可知，熔覆层摩擦系数的降低是引起自润滑熔覆层耐磨性能降低的主要原因。

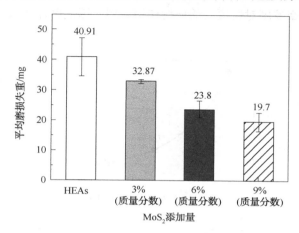

图 4-13　MoS_2/AlCoCrFeNi 高熵合金自润滑熔覆层平均磨损失重

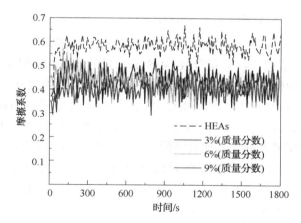

图 4-14　MoS_2/AlCoCrFeNi 高熵合金自润滑熔覆层摩擦系数曲线

对熔覆层中自润滑相含量与平均摩擦系数进行拟合，其拟合曲线如图 4-15 所示，拟合结果如式（4-1）所示：

$$COF = 0.2\exp(-Ms/1.9) + 0.4 \qquad (4-1)$$

式中　COF——平均摩擦系数；

　　　Ms——自润滑相含量。

根据拟合结果可知，平均摩擦系数与自润滑相含量呈指数关系，并且与未含有自润滑相的熔覆层相比，引入自润滑相会使熔覆层的平均摩擦系数有大幅的下降。随着自润滑相含量的增多，熔覆层的平均摩擦系数会进一步下降。摩擦系数是影响熔覆层耐磨性能的另一因素，熔覆层摩擦系数降低，熔覆层与摩擦副之间的摩擦力减小，摩擦副对熔覆层的剪切作用减弱，因此摩擦系数低的熔覆层耐磨性能更加优异。

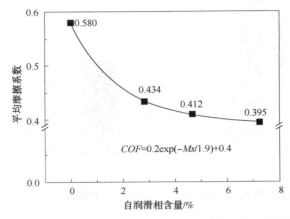

图4-15 熔覆层自润滑相含量与平均摩擦系数拟合曲线

图4-16为三种 $MoS_2/AlCoCrFeNi$ 自润滑熔覆层摩擦磨损试验后的表面形貌。图4-16(a)、(b)表明3%(质量分数)MoS_2添加量的自润滑熔覆层磨损后，熔覆层在摩擦副切应力的作用下存在局部剥离和微突，在犁沟中存在磨屑。在图4-16(c)、(d)中，MoS_2添加量为6%(质量分数)的自润滑熔覆层磨损表面剥离现象消失，表面存在少量的磨屑，犁沟数量和深度增加，其原因是6%(质量分数)MoS_2自润滑熔覆层硬度低于其他自润滑熔覆层，塑性变形的形变量更大。而9%(质量分数)MoS_2自润滑熔覆层磨损表面则没有剥落现象的发生，磨痕的深度变浅但更为密集，存在少量磨屑。三种添加量的 MoS_2 自润滑熔覆层磨损表面形貌均较为平整，具有明显的黏着磨损特征。

表4-3列举了高熵合金自润滑熔覆层磨损表面 EDS 点扫结果。区域 A、C、D 中的 Al、Co、Cr、Ni 等高熵合金元素接近等原子比，Fe 元素含量较高，Mo 和 S 元素则较低，与熔覆层磨损前的元素比例相符。但是磨损后含有较多的 O 元素，是由于磨损在大气环境下进行，熔覆层磨损接触面在磨损过程中出现了氧化，此外干摩擦产生的摩擦热会导致温度升高从而加剧氧化。而区域 B 和 E 中，O 元素含量最高，Fe 元素次之，并且 Cr、Ni 等元素含量较其他合金元素更高，Mo 元素含量较熔覆层母相有所升高，S 元素也有明显提升。从磨屑成分可知，S 元素含量的升高表明富硫化合物构成的自润滑相在磨损过程中会在磨屑中富集，并构成自润滑膜，O 元素的大量存在则证明了氧化磨损的存在，磨屑会在熔覆层

表面构成氧化膜。因此 MoS$_2$/AlCoCrFeNi 高熵合金自润滑熔覆层的磨损机制为黏着磨损和氧化磨损。

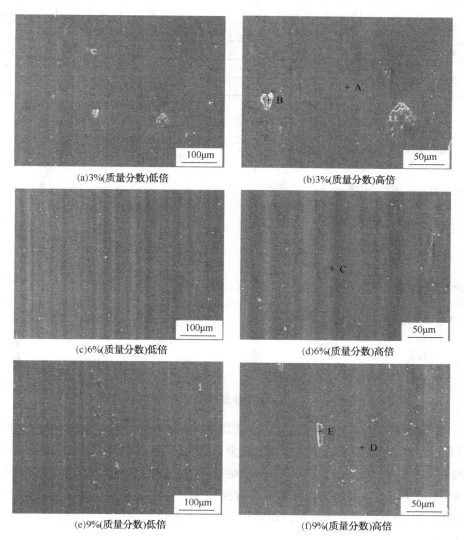

(a)3%(质量分数)低倍　　　　　　　　(b)3%(质量分数)高倍

(c)6%(质量分数)低倍　　　　　　　　(d)6%(质量分数)高倍

(e)9%(质量分数)低倍　　　　　　　　(f)9%(质量分数)高倍

图 4-16　不同 MoS$_2$ 添加量的 AlCoCrFeNi 自润滑熔覆层磨损表面形貌

图 4-17 为 MoS$_2$/AlCoCrFeNi 高熵合金自润滑熔覆层磨损表面三维形貌图。从图中可以看出，MoS$_2$ 的引入使熔覆层表面的犁沟更明显。其中 M6 犁沟数量增加、宽度减小，这是 M6 熔覆层的硬度下降导致塑性变形增大。从自润滑熔覆层磨损三维形貌可以看出表面附着由磨屑及氧化物构成的自润滑膜，使黏着磨损行为更加显著。

表 4-3　MoS₂/AlCoCrFeNi 高熵合金熔覆层磨损表面典型微区成分　　at. %

熔覆层	区域	Al	Co	Cr	Fe	Ni	Mo	S	O
M3	A	15.74	15.76	15.23	19.55	16.92	0.24	1.71	14.84
	B	1.16	1.92	2.58	35.51	1.25	1.62	3.73	52.23
M6	C	11.54	14.81	17.30	24.85	13.65	1.68	2.22	9.94
M9	D	12.89	14.53	11.96	29.75	14.60	1.75	4.54	9.98
	E	1.82	2.82	3.74	32.04	2.72	1.36	6.57	48.93

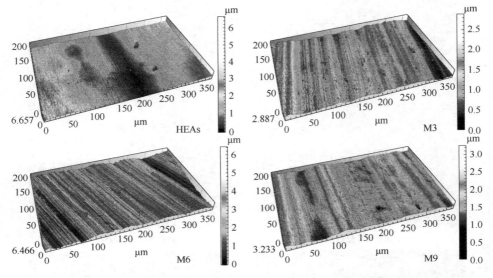

图 4-17　MoS₂/AlCoCrFeNi 高熵合金自润滑熔覆层磨损表面三维形貌

根据 MoS₂/AlCoCrFeNi 高熵合金自润滑熔覆层的平均显微硬度、平均摩擦系数以及磨损失重结果分析，影响高熵合金自润滑熔覆层耐磨性能的因素是熔覆层的摩擦系数，硬度不是造成三种自润滑熔覆层耐磨性能差异的主要原因。固体润滑相 MoS₂是影响熔覆层的摩擦系数的直接因素，通过改变 MoS₂的添加量可以调控熔覆层中的富硫化合物含量，富硫化合物在磨损过程中作为自润滑相起到降摩减磨的作用。

大部分 MoS₂虽然在高能激光的高温作用下分解为 Mo 和 S 元素，但由于降低了激光功率，只有少部分的 S 元素逸出，大部分的 S 元素在熔池凝固过程中，与 Fe、Cr、Mo 等元素形成了 FeS、CrS、Cr₃S₄、MoS₂、Mo₂S₃ 等硫化物，并组成了黑色圆斑形态的自润滑相分布于晶界之间。相关文献表明过渡族金属硫化物（如 MoS₂、Mo₂S₃）及 CrS 等化合物是有效的固体润滑剂，Cr₃S₄ 也与过渡族金属的二硫化物有类似结构，Cr 空位产生的弱范德华 S—S 键可使剪切强度降低，进而达到润滑的效果，有利于提升摩擦性能。综上所述，MoS_2/AlCoCrFeNi 高熵合金熔覆层中形成的富硫化合物具有自润滑效果，可以改变熔覆层的摩擦学行为、降低摩擦系数并减少磨损，是一种自润滑复合相。

自润滑相在磨损过程中降摩减磨原理如图 4-18 所示。在磨损初始阶段，在摩擦副的剪切应力下，熔覆层表面开始脱落形成磨屑。磨屑不断增多以及熔覆层中的自润滑相不断暴露，在摩擦副的正向载荷下在熔覆层表面形成了一层自润滑膜，填充了摩擦副与熔覆层之间的空隙和犁沟，避免了摩擦副与熔覆层的直接接触，减轻了摩擦副对于熔覆层的切削作用。自润滑膜中含有较多的富硫化合物，具有降低摩擦系数的作用，减轻了切应力对熔覆层的切削作用，达到"润滑"减磨效果。随着磨损的进行，熔覆层和自润滑膜不断被氧化形成了具有一定的减磨作用的氧化膜。当摩擦副和剪切作用将自润滑膜去除后，熔覆层中新的自润滑相会继续暴露，并构成新的自润滑膜和氧化膜从而降摩减磨，如此循环，最终 MoS_2/AlCoCrFeNi 高熵合金熔覆层产生了"自润滑"效果。

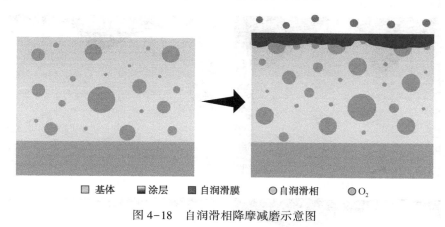

□ 基体　■ 涂层　■ 自润滑膜　○ 自润滑相　○ O_2

图 4-18　自润滑相降摩减磨示意图

4.3　机械混合 Ni@MoS_2/AlCoCrFeNi 增强熔覆层耐磨性

4.3.1　熔覆层物相及形貌分析

目前 MoS_2 作为一种常见的过渡金属二卤化合物，相比于其他固体润滑剂更易获得，且价格低廉。在摩擦过程中，MoS_2 的层状微观结构能与运动方向保持一致，有助于减少摩擦。因此，在高熵合金中加入 MoS_2 可以有效地提高熔覆层的耐磨性能。研究表明，加入 MoS_2 可以显著增强高熵合金熔覆层的耐磨性能。然而，由于 MoS_2 的结构松散，在激光高能量密度下极易分解和气化，导致熔覆层内润滑相达不到预期的含量与作用。$Ni@MoS_2$ 是在 MoS_2 表层包覆一层 Ni（下文简称 $Ni@MoS_2$），在激光的高能量密度下，可以降低 MoS_2 的分解。基于此，本章采用不同功率制备 12%（质量分数）$Ni@MoS_2/AlCoCrFeNi$ 熔覆层，表征熔覆层组织结构与磨损性能。

（1）熔覆层截面形貌分析

图 4-19 为不同功率下 $AlCoCrFeNi/Ni@MoS_2$ 熔覆层的横截面形貌。可以看出，熔覆层均匀，基体与熔覆层之间可以看到一个明显的凹凸分界线（图中白线）。在熔覆过程中，高能量激光导致基体表面形成熔池，熔覆粉末与基体之间彼此熔合，致使熔覆层与基体之间衍生良好的冶金结合。激光功率为 600W、800W、1000W 和 1200W 熔覆层的厚度分别是 $1444\mu m$、$1622\mu m$、$1805\mu m$ 和 $2138\mu m$。根据激光能量密度公式（4-2）可以计算出不同功率下的激光能量密度，结果如表 4-4 所示。

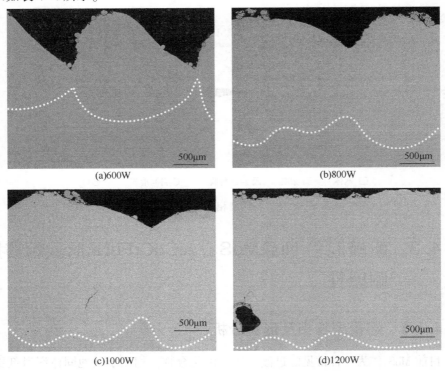

图 4-19　不同功率下熔覆层的断面形貌

$$E_s = \frac{P}{DV} \tag{4-2}$$

式中　E_s——激光能量密度；

　　　P——激光功率；

　　　D——激光的光斑直径；

　　　V——扫描速度。

在光斑直径和扫描速度一定的条件下，激光功率与能量密度成正比，并且随着激光功率的增加，熔覆层的厚度逐渐增加。

熔覆层表面的粗糙度随着激光功率的增加而下降。在过高的激光功率的条件下，熔覆层在搭接区域出现裂纹及孔洞，这是由于激光功率和扫描速度不匹配所导致的。当激光功率增加，激光能量密度升高，熔覆层的搭接率和厚度升高，诱发孔洞和裂纹的形成。由于本文的磨损未进行到熔池底部，因此裂纹和孔洞并不会影响熔覆层的耐磨性能。

图 4-20 为 800W 激光功率下 12%（质量分数）Ni@ MoS$_2$/AlCoCrFeNi 熔覆层熔合界面元素分布图。从图中可以看出，Al、Co、Cr 和 Ni 等元素的衬度明显高于基体，Fe 元素的衬度低于基体，这是由于基体中富含大量的 Fe 元素，熔覆层内各元素的分布均匀。熔池和基体之间有明显分界，熔池形状呈现圆弧状，表明熔覆层与基体结合良好。S 和 Mo 元素在熔合线附近的分布不明显，主要是 Mo 和S 向基体一侧发生扩散。

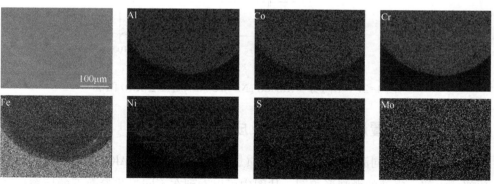

图 4-20　800W，12%（质量分数）Ni@ MoS$_2$/AlCoCrFeNi 熔覆层熔合界面处面扫图

表 4-4　激光功率与能量密度的关系

激光功率/W	600	800	1000	1200
能量密度/（J·mm^{-2}）	75	100	125	150
熔覆层厚度/μm	1443.95	1621.81	1805.38	2137.63

（2）熔覆层的物相组成

图 4-21 为不同激光功率下 12%（质量分数）Ni@ MoS_2/AlCoCrFeNi 熔覆层的 XRD 图谱。可以看出，XRD 主要的物相是 BCC，表明在熔覆过程中高熵合金粉末的成分被很好地继承下来。在不同的激光功率下，XRD 图谱中均未出现 MoS_2 的衍射峰。这是由于 MoS_2 会在 1370℃分解，在激光的能量密度的作用下会分解成 Mo 和 S。由于熔覆层中 MoS_2 的含量较低，导致 MoS_2 的衍射峰并不明显。当激光功率大于 800W，熔覆层中出现 FCC 相。研究发现，BCC 相的 AlCoCrFeNi 高熵合金在耐磨性能方面更具优势。因此，在高功率熔覆层中的 FCC 相可能会降低熔覆层的耐磨性能。随着激光功率的增加，XRD 的 BCC 峰向左偏移，具有固溶强化的作用，在一定程度上可以略微增加熔覆层的显微硬度，抵消部分由 MoS_2 的团聚导致的硬度下降，提高熔覆层的耐磨性能。

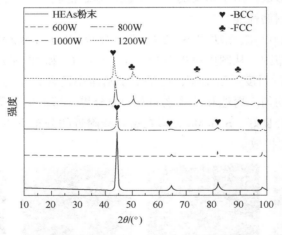

图 4-21　不同功率 AlCoCrFeNi/Ni@ MoS_2 熔覆层 XRD 图谱

4.3.2　熔覆层的微观组织及成分

图 4-22 是不同激光功率下 12%（质量分数）Ni@ MoS_2/AlCoCrFeNi 熔覆层的顶部、中部、底部的微观形貌图。从图中可以看到在不同工艺参数下的熔覆层的顶部、中部、底部均存在衬度不一的黑色相。激光熔覆是一种快速冷却的技术，会导致熔覆层各区域的温度和冷却速率出现差异，因此不同区域熔覆层的黑色相分布形态不同。在熔覆层顶部黑色相团聚较为明显，呈现等轴晶形态。在熔覆层中下部，黑色相团聚具有向外生长的特点，呈现柱状晶形态。

不同区域熔覆层形貌差异主要取决于温度梯度 G、冷却速率 R。根据晶粒形态凝固理论，在冷却阶段晶粒形貌的主要取决于温度梯度 G 和冷却速率 R 的比值（G/R），G/R 的值越大越容易形成柱状晶。在熔覆层底部，由于冷却速率 R 比较小，温度梯度 G 比较大，G/R 的值最大，使得黑色相沿纵向冷却方向团聚，因此在底部的黑色相团聚成柱状晶形态。而顶部的温度梯度 G 比较小，同时顶部的液态金属与保护气体充分接触，提高冷却速率，且热流没有明显的方向性。晶粒的成核速率大于生长速率，黑色相更容易团聚成等轴晶。

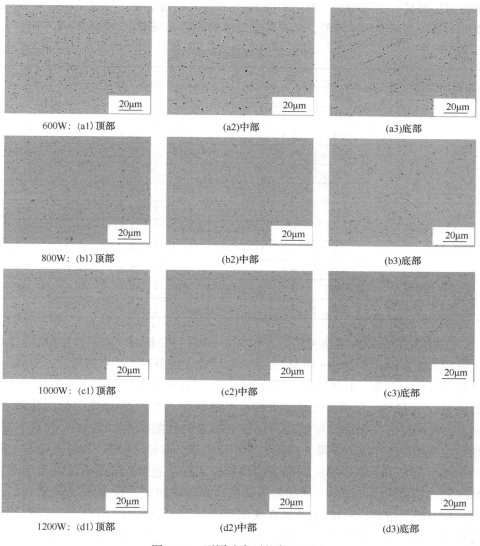

图 4-22　不同功率下的微观组织

表4-5为不同激光功率下12%(质量分数)Ni@ MoS$_2$/AlCoCrFeNi熔覆层的顶部，中部，底部的EDS元素成分。从表4-5EDS元素成分可以得出，Al、Co、Cr、Ni等元素的原子比近似1∶1，与AlCoCrFeNi粉末的成分近似。随着激光功率的增加，熔覆层中Fe元素的含量呈现上升趋势，1200W熔覆层的Fe元素含量比600W熔覆层提高70%。这是由于随着激光功率的增加，激光能量密度上升，在扫描速度和离焦量不变的情况下，单位时间内激光熔化基体量增加，从而导致熔覆层底部稀释作用增加，基体中的Fe元素进入熔覆层中，导致熔覆层中Fe元素的上升。当激光功率降低，激光对于基体的热输入减弱，致使稀释率下降。

表4-5　不同区域元素分析　　　　　　　　　　　　　at.%

工艺参数/W	区域	Al	Co	Cr	Fe	Ni	S/Mo
600	顶部	7.2	11.5	22.4	21	17.7	20.4
	中部	4.1	9.7	29.6	23.4	16.1	18.8
	底部	5.8	14	21.9	30.4	18.8	10.2
800	顶部	8.3	10.9	24.7	25.2	12.3	18.6
	中部	9.1	12.6	23.9	25.6	14	14.8
	底部	5.6	10.9	23.7	35.3	14.1	10.4
1000	顶部	9.4	16.9	17.5	33.5	14.9	7.8
	中部	7.1	13.7	14.4	37.6	14.2	13
	底部	6.5	15.7	10.3	48.8	12.2	6.5
1200	顶部	8.1	14	14.8	36.8	14.9	7.4
	中部	3.5	15.4	9.7	49.7	15.7	6.0
	底部	4.2	8.2	9.5	62.9	11.3	3.9

在利用SEM-EDS对熔覆层的S和Mo元素进行分析时，由于S和Mo峰存在大量的重叠，因此本文将S和Mo元素一起讨论。随着激光功率的增加，S/Mo元素的含量也在下降。根据目前已知的文献，Ni@ MoS$_2$在高能量密度的条件下易分解成Mo、S和Ni。随着激光功率升高，熔覆层中Ni@ MoS$_2$出现大量的分解，S元素会在高温下气化逸出熔覆层，促使熔覆层的孔隙率增加和MoS$_2$含量下降，导致熔覆层耐磨性能的下降。相比于顶部和中部，熔覆层底部S/Mo的含量下降约50%，这是由于靠近熔池底部的冷却速率无限接近0，在高热源的作用下富MoS$_2$相向熔覆层顶部逸出。顶部和中部的冷却速率增大，富MoS$_2$相随着凝固进行，自下而上增多。S/Mo的含量在底部下降的另一个原因，在送粉过程和熔化过程中，Ni@ MoS$_2$由于密度较轻出现上浮的现象。此外，底部MoS$_2$的分解气化也是S/Mo含量下降的主要原因。

随着激光功率的增加，熔覆层内元素含量发生变化，根据摩尔混合熵公式，可以计算出不同激光功率下混合熵：

$$\Delta S_{\text{mix}} = -R \sum_{i=1}^{n} \left[C_i \ln(C_i) \right] \tag{4-3}$$

式中　ΔS_{mix}——摩尔混合熵；

$\quad\quad R$——气体常数 8.314J/mol；

$\quad\quad C_i$——第 i 种元素所占的原子百分比。

根据上述公式可以计算出不同工艺参数下的摩尔混合熵，分别是 1.7R，1.68R，1.59R 和 1.42R，结果如图 4-23 所示。随着激光功率的增加，熔覆层的摩尔混合熵逐渐减小，以及混合熵的变化差值也在增加。高熵合金的混合熵大于 1.6R，中熵合金的混合熵低于 1.6R（高熵合金与中熵合金的分界线如图中的虚线所示），根据文献研究，混合熵越大，高熵合金的成分越稳定。高熵合金混合熵下降主要是以下两种原因，其一是由于 Al、Co、Cr、Fe、Ni 元素的熔点和沸点存在高低的差距，随着激光功率的增加，激光能量密度逐渐升高，导致元素的烧损量不同，导致熔覆层内元素成分出现偏析，因此熔覆层内的摩尔混合熵出现下降。另一方面，是随着功率的上升，熔覆层的过渡区的面积提高，导致 Fe 元素含量的上升，进而导致混合熵下降。

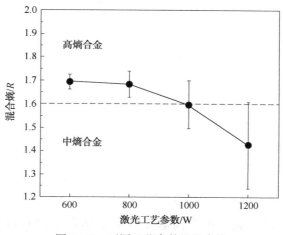

图 4-23　不同工艺参数的混合熵

图 4-24 是不同激光功率下 12%（质量分数）Ni@ MoS_2/AlCoCrFeNi 熔覆层的元素线扫图。从图中可以看到，基体一侧的 Fe 元素含量高于熔覆层一侧，这与底部面扫图表现一致。从熔覆层的元素分布可以得到，Al、Co、Cr、Fe、Ni、S 和 Mo 等元素分布均匀，含量稳定。表明在不同激光功率下制备的熔覆层未被

基体严重的稀释，熔覆层较好地保留高熵合金粉末的成分。从图 4-24 可以看到靠近基体一侧的元素分布出现显著的变化。以 Fe 元素为例，越靠近基体 Fe 元素的升高现象越明显。这是由于越靠近熔池底部，稀释作用越强烈，同时出现明显的过渡区。

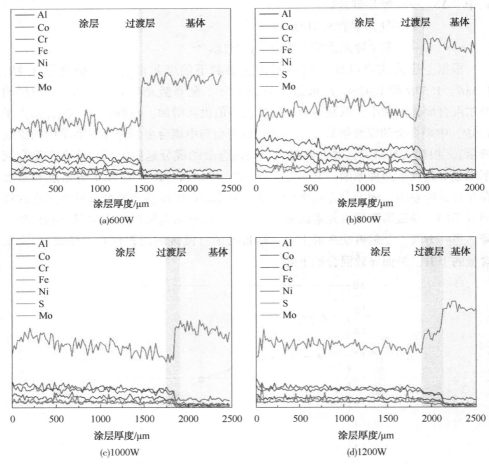

图 4-24　不同功率下 12%（质量分数）Ni@ MoS$_2$/AlCoCrFeNi 熔覆层元素分布

由图 4-24 可以看到，在不同激光功率下熔覆层的过渡区的厚度分别是 45μm、106μm、159μm、244μm，随着激光功率的增加熔覆层的过渡区厚度增加了 5 倍。这是由于激光功率的提高导致激光能量密度的上升，激光热输入量增加，熔合区的面积上升，从而导致过渡区的增加。根据 Arrhenius 公式：

$$D = D_0 \exp\left(-\frac{Q}{RT}\right) \tag{4-4}$$

式中　D——扩散系数;

　　　D_0——扩散常数;

　　　R——气体常数;

　　　T——温度;

　　　Q——单位摩尔原子的激活能。

激光功率提高,熔池宽度增加,热输入增大,温度梯度变低。熔覆层温度 T 随激光功率的提高而增加,导致扩散系数 D 增加,使得不同元素扩散增加,过渡层厚度增加。此外,激光能量密度的提高改变速度与功率的匹配,导致在熔合区域出现孔洞,裂纹等现象,破坏原有的冷却速率,增加冷却时间。二者共同引发元素的扩散与过渡区的增加。

图 4-25 是 12%(质量分数)Ni@ MoS_2/AlCoCrFeNi 熔覆层的润滑相形貌图。结果表明,熔覆层中均有不同尺度的灰色基体和黑色相组成。研究表明,MoS_2 在高温容易团聚,因此熔覆层中的黑色相可能是富含有 MoS_2 的自润滑相。图 4-25 是不同激光功率下 12%(质量分数)Ni@ MoS_2/AlCoCrFeNi 熔覆层的元素面扫图。对比 S/Mo 元素和 SEM 图像中黑色相的位置,黑色相的位置处出现明显的 S/Mo 的富集。这一结果可以初步判定熔覆层中的黑色相是一种富含 MoS_2 的相(富 MoS_2 相)。

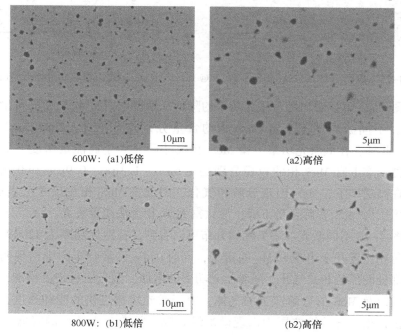

图 4-25　不同功率下 12%(质量分数)Ni@ MoS_2/AlCoCrFeNi 熔覆层润滑相形貌

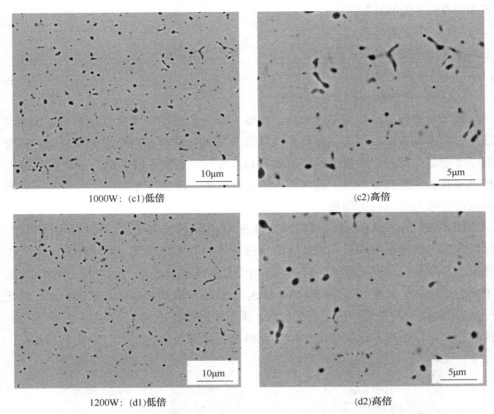

1000W：(c1)低倍   (c2)高倍

1200W：(d1)低倍   (d2)高倍

图 4-25　不同功率下 12%（质量分数）Ni@ MoS$_2$/AlCoCrFeNi 熔覆层润滑相形貌（续）

从图 4-25 可以看出随着激光功率的降低，熔覆层内富 MoS$_2$ 相的含量也在逐渐升高，不同激光功率下富 MoS$_2$ 相的含量分别是 3.12%、2.87%、2.19% 和 1.71%。此外，在低激光功率下富 MoS$_2$ 相尺寸明显大于高能量密度下黑色相尺寸，四种功率下富 MoS$_2$ 相的粒径分别是 1.5μm、1.3μm、0.9μm 和 0.4μm。这是由于在高功率下，MoS$_2$ 出现分解和气化，因此富 MoS$_2$ 相在尺寸上表现更小，此外熔覆层内 MoS$_2$ 实际含量下降，导致富 MoS$_2$ 相无法团聚长大。

从图 4-26 不同激光功率下元素分布可以看到，在激光功率为 1200W 时，部分的黑色相位置并未出现 S/Mo 的富集，同时在 Fe 元素分布图中出现明显的空缺，这部分的黑色相是气孔。随着激光功率的增加，激光能量密度增加，熔合区金属蒸发以及 MoS$_2$ 的分解产生的气体，由于激光熔覆过快的冷却速度，这些气体来不及逸出，导致熔覆层中出现微米级孔隙。随着激光功率的降低，图中 Cr 元素在黑色相附近同样也出现明显的富集。这是由于在较低能量密度条件下，部

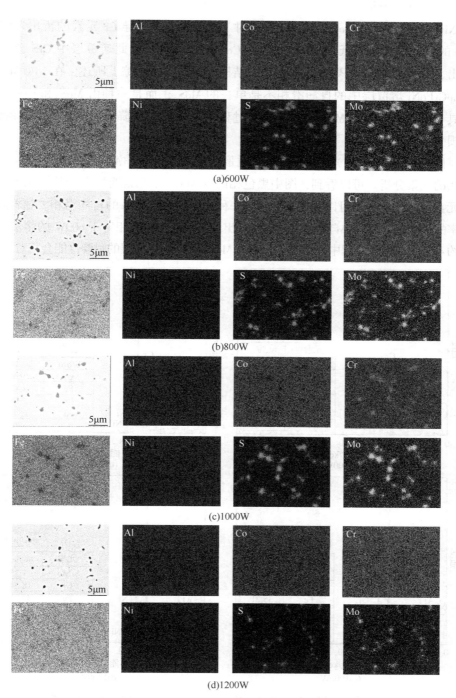

图 4-26　不同功率下 12%（质量分数）Ni@ MoS$_2$/AlCoCrFeNi 熔覆层面扫图

分 Ni@ MoS_2 分解成 Mo 和 S 元素，同时 Mo 元素能够诱导 Cr 元素的析出。同时 CrS 的吉普斯自由能低于 MoS_2、FeS、CoS 等硫化物，因此熔覆层中 CrS 会优先析出，并且与 MoS_2 团聚形成具有层状结构的自润滑相。综上所述，在 Ni@ MoS_2/AlCoCrFeNi 熔覆层中的自润滑相不是单一的 MoS_2，而是一种由 MoS_2 和 CrS 组成的具有润滑效果的富 MoS_2 相。在磨损过程中富 MoS_2 相会降低熔覆层的摩擦系数，磨损失重。

图 4-27 是不同激光功率下 12%（质量分数）Ni@ MoS_2/AlCoCrFeNi 熔覆层自润滑相的元素分析。可以看到，图中黑色相的 S/Mo，Cr 元素明显高于其他元素，结合元素面扫图分析，可以确定黑色相是一种富含 MoS_2、CrS 的自润滑相。随着激光功率的增加，熔覆层中自润滑相的 S/Mo 出现下降，1200W 相比于 600W 的熔覆层下降约45%。在磨损过程中，自润滑相含 S/Mo 量越低，熔覆层的耐磨性能会相对减弱。

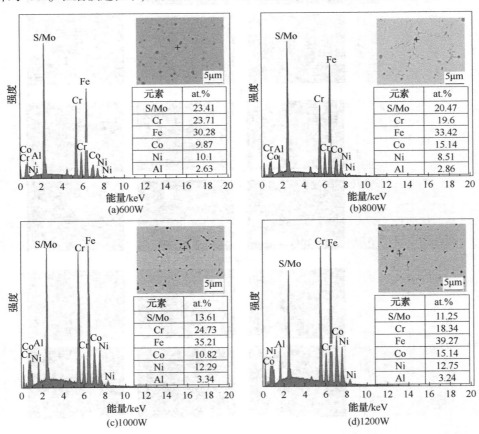

图 4-27　不同功率下 12%（质量分数）Ni@ MoS_2/AlCoCrFeNi 润滑相元素分析

4.3.3　熔覆层耐磨性能

（1）熔覆层显微硬度

图 4-28（a）是不同激光功率下 12%（质量分数）Ni@ MoS$_2$/AlCoCrFeNi 熔覆层的显微硬度。从图中可以看出，熔覆层硬度明显高于基体，相比基体提高一倍。不同激光功率下熔覆层显微硬度分别是 334.5HV$_{0.3}$、360.1HV$_{0.3}$、369.6HV$_{0.3}$ 和 391.4HV$_{0.3}$，基体硬度平均在 175HV$_{0.3}$。随着激光功率的增加，熔覆层的显微硬度也在逐渐增加，1200W 熔覆层比 600W 熔覆层的显微硬度提高 16%。熔覆层显微硬度降低主要基于以下两方面，一方面是由于 MoS$_2$ 会以溶质的形式存在于熔覆层中，会略微降低熔覆层硬度。在低功率的条件下 MoS$_2$ 的含量高，大量富集的 MoS$_2$ 自润滑相会降低熔覆层硬度，如图 4-28（b）所示。另一方面，随着激光功率的增加，导致 FCC 相的衍射峰左移，提高熔覆层的固溶强化。在二者的共同作用下，导致 600W 熔覆层硬度低于 1200W 熔覆层。

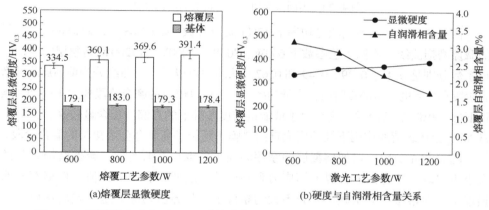

(a)熔覆层显微硬度　　(b)硬度与自润滑相含量关系

图 4-28　不同激光功率下 12%（质量分数）Ni@ MoS$_2$/AlCoCrFeNi 熔覆层显微硬度

（2）熔覆层耐磨性能

图 4-29（a）是不同激光功率下 12%（质量分数）Ni@ MoS$_2$/AlCoCrFeNi 熔覆层的磨损失重。从图中可以看出，600W、800W、1000W 和 1200W 下的熔覆层的失重分别是 29.27mg、24.13mg、37.83mg 和 50.87mg。Ni@ MoS$_2$/AlCoCrFeNi 熔覆层在 1200W 的失重明显高于 600W，上升 2~3 倍。1000W、1200W 与 800W 的显微硬度差异在 5% 以下，因此硬度并不是影响磨损失重的主要原因。由图 4-29（b）可知，800W 熔覆层中自润滑相的含量比 1000W 和 1200W 的自润滑相提高约 45%，因此当激光功率高于 800W 时，自润滑相的含量是影响熔覆层失重差异的

主要原因。当激光功率低于 800W 时，熔覆层中自润滑相的含量以及 S/Mo 元素的原子比重差异在 7% 以下，而显微硬度提高 10% 左右。因此当激光功率低于 800W 时，硬度的差异是导致熔覆层耐磨性能下降的主要原因。

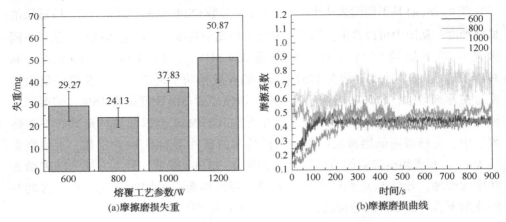

(a)摩擦磨损失重
(b)摩擦磨损曲线

图 4-29　不同激光功率下熔覆层的磨损性能

图 4-29(b)展示不同激光功率下 12%(质量分数)Ni@ MoS_2/AlCoCrFeNi 熔覆层的摩擦磨损曲线。不同工艺参数下 600W、800W、1000W 和 1200W 熔覆层的摩擦磨损系数分别是 0.43、0.39、0.49 和 0.67。从图中可以看到，曲线分为前 50s 前的磨合阶段和随后的稳定磨损阶段，在低功率条件下(<800W)的磨合阶段要大于高功率条件下(>800W)的熔覆层。这是由于低能量密度条件下的自润滑相含量较高，大量的富 MoS_2 相在载荷的作用下被挤压成自润滑膜，延长了高熵合金熔覆层的磨合阶段。

随着激光功率的增加熔覆层的摩擦磨损系数也在逐渐增加，摩擦磨损系数的大小主要取决于界面的临界剪切应力和整个熔覆层的屈服应力比值。根据摩擦磨损理论，在熔覆层显微硬度差异不大的条件下，临界剪切应力是影响熔覆层的摩擦磨损系数的主要因素。由于激光功率的增加，导致熔覆层中富 MoS_2 相的减少以及自润滑相中 S/Mo 元素的下降，导致在磨损过程中临界剪切应力的增加，摩擦磨损系数增加。此外，从图中可以发现，高功率条件下的摩擦磨损系数曲线的波动明显高于低功率。这是由于高熵合金熔覆层在高载荷的作用下，会形成相应的磨屑。磨屑在熔覆层表面形成应力集中，从而导致熔覆层的脱落。高能量密度下的熔覆层产生的磨屑中的自润滑相含量较少，磨屑与摩擦副之间的应力较大，从而导致摩擦系数波动明显。综上所述，自润滑相的含量对熔覆层的耐磨性能起到重要作用，熔覆层中自润滑相含量越多熔覆层的耐磨性能越好。

(3)熔覆层磨损形貌

图 4-30 展示不同激光功率下 12%(质量分数)Ni@ MoS_2/AlCoCrFeNi 熔覆层

的摩擦磨损表面形貌。从 SEM 扫描图片可以看出，高熵合金自润滑熔覆层的磨损表面存在宽度不一的沟槽及其周围的塑性凸起，这是典型的磨粒磨损形貌。磨损表面的沟槽呈现平行排列，表明熔覆层与摩擦副形成完全接触。随着激光功率的增加，平行沟槽的宽度在逐渐增加。这进一步证明随着自润滑相的减少，Ni@ MoS_2/AlCoCrFeNi 熔覆层的耐磨性能在降低。由于 Ni@ MoS_2/AlCoCrFeNi 熔覆层本身的脆性，在交变接触应力的作用下，熔覆层开始脱落。

结合图 4-28 可以看到高功率熔覆层（1200W）的硬度最高，脱落的磨屑在熔覆层表面滑动，使得表面出现相应的沟槽。当处于低功率时，600W 的熔覆层的表面出现一些层片状的脱落。这是由于熔覆层中富含有大量的润滑相，在高载荷的作用下，磨屑被挤压，降低熔覆层与摩擦副之间的接触应力，增强熔覆层的耐磨性能。综上所述，Ni@ MoS_2/AlCoCrFeNi 熔覆层在此条件下的磨损机理主要是磨粒磨损。

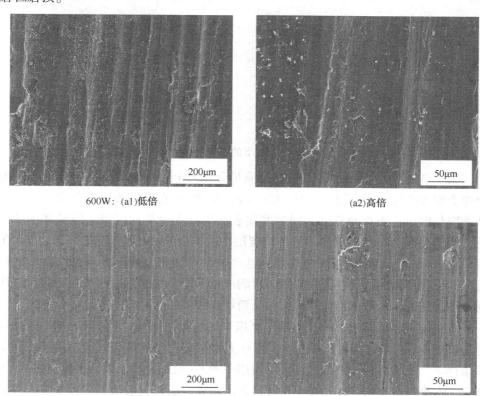

600W: (a1)低倍　　　　　　　　　　　　　　　　(a2)高倍

800W: (b1)低倍　　　　　　　　　　　　　　　　(b2)高倍

图 4-30　不同工艺参数下的摩擦磨损表面形貌

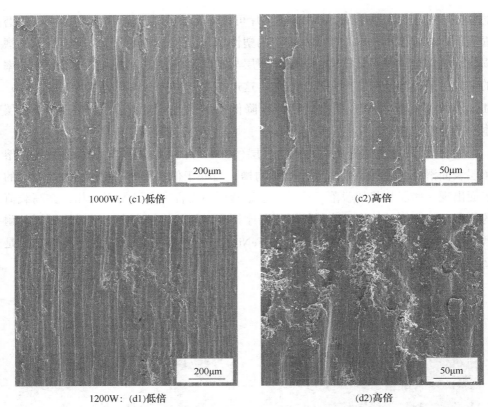

1000W: (c1)低倍   (c2)高倍

1200W: (d1)低倍   (d2)高倍

图4-30　不同工艺参数下的摩擦磨损表面形貌(续)

图 4-31 是不同激光功率下 12%(质量分数)Ni@ MoS₂/AlCoCrFeNi 熔覆层的摩擦磨损表面的元素面扫图。Al、Co、Cr、Fe 和 Ni 在磨损表面均匀分布，表明摩擦副与磨损表面接触良好，同时磨损表面出现大量氧化区域。随着磨损的进行，磨损表面会产生大量的热致使熔覆层中的 Fe 发生氧化，形成 Fe_2O_3、Fe_3O_4 等氧化产物。从 EDS 面扫图中可知，这些氧化产物出现的位置与自润滑相的位置大致相同。因此，这些氧化产物与自润滑相一样，在磨损过程中在高载荷的作用下被挤压破碎形成相应的减磨层，从而增强熔覆层的耐磨性能。

表 4-6 是不同激光功率下熔覆层磨损表面的元素分析。随着激光功率的增加熔覆层中 S/Mo 元素呈现下降趋势，而 O 元素呈现升高的趋势。这是由于在高功率条件下，由于稀释作用的加强，熔覆层中的 Fe 元素升高，O 元素易与 Fe 元素结合。在磨损过程中，O 元素会在磨损表面形成一层氧化层从而降低磨损，当氧化层较厚时容易出现破裂从而增加磨损失重。因此，随着磨损的进行，Ni@ MoS_2/AlCoCrFeNi 熔覆层磨损机理主要是磨粒磨损、疲劳磨损和氧化磨损。

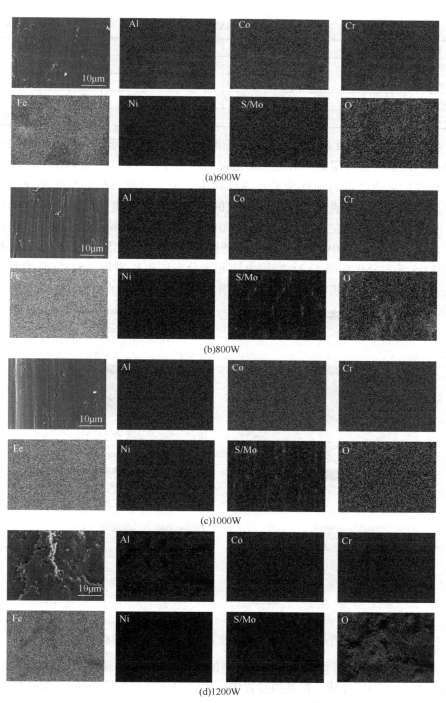

图4-31　不同工艺参数下摩擦磨损表面元素分布图

表 4-6　不同区域磨损表面元素分析　　　　　　　　　at. %

功率/W	O	S/Mo	Al	Cr	Fe	Co	Ni
600	4.45	0.79	6.01	9.72	57.35	9.57	11.69
800	5.02	1.84	3.76	7.37	66.4	6.22	9.04
1000	8.73	0.51	6.19	10.56	50.36	10.2	12.73
1200	13.09	0.33	3.19	5.46	66.68	5.03	5.97

　　图 4-32 是不同激光功率下熔覆层的摩擦磨损的截面形貌。可以看到随着激光功率的增加，熔覆层截面形貌逐渐变得凹凸不平。在高功率(>1000W)的条件下，熔覆层出现严重的塑性变形及裂纹萌生。由于自润滑相的减少和硬度的提高，致使熔覆层的脆性增加，随着磨损的不断进行，萌生的裂纹在载荷的作用下，受到法向作用力完全脱落，这是典型的疲劳磨损和磨粒磨损。从图中可以看到，激光功率低于 800W 时，熔覆层有连续且完整的减磨层。结合表 4-6 磨损表面的 EDS 元素分析和图 4-31 磨损表面元素分布图可以发现，S/Mo 元素含量高低与减磨层完整度呈正相关，表明自润滑相含量是熔覆层的耐磨性的关键因素。

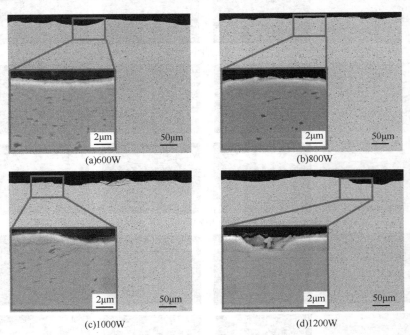

(a)600W　　　　　　　　　　(b)800W

(c)1000W　　　　　　　　　　(d)1200W

图 4-32　不同工艺参数下的摩擦磨损截面形貌

　　从图 4-32 可以看到，随着激光功率的降低，S/Mo 元素从原先的点状向条形转变，最后变为层片状。在磨损过程中，由于自润滑相富含有大量的 S/Mo 导致其硬度较低，在载荷的作用下，熔覆层表面的自润滑相容易被拖动。然而，在

1400W 的磨损表面并未看到大量富集的 S/Mo，这是由于 1400W 的熔覆层本身含有较少的自润滑相，在磨损过程中无法起到良好的减磨效果。因此，在磨损过程中容易发生严重的疲劳磨损，以及造成摩擦磨损系数波动剧烈。

结合图 4-31 分析，减磨层的出现可以有效降低熔覆层摩擦磨损系数的波动以及失重。在低能量条件下（<800W），由于自润滑相的增加，在磨损过程中自润滑相被拖拽到表面。随着熔覆层与摩擦副之间的不断运动，带有自润滑相的磨屑被挤压、分裂和聚集形成完整连续的减磨层。当激光功率的增加，熔覆层中自润滑相的减少使得减磨层无法形成，从而降低熔覆层的耐磨性能。

图 4-33 是不同激光功率下磨屑形貌。可以看到，高功率下的磨屑完整且破碎较少，低功率下的磨屑完全破碎。在高载荷的条件下，高功率的熔覆层发生严重的疲劳磨损，因此磨屑呈现出较大的碎片。随着激光功率的降低，磨损的完整性也在逐渐降低。这是由于低能量密度的磨屑中富含有大量的富 MoS_2 相，因此磨屑较软，在磨损过程中容易发生碎裂。当激光功率增大，磨屑中的 S/Mo 元素降低，此外熔覆层被激光固溶强化，显微硬度增加，导致磨屑硬度上升。随着磨损的进行，磨屑与磨损界面相互作用，使得磨损界面发生严重的塑性变形和裂纹，因此高功率的摩擦系数出现剧烈的波动，降低的熔覆层的耐磨性能。

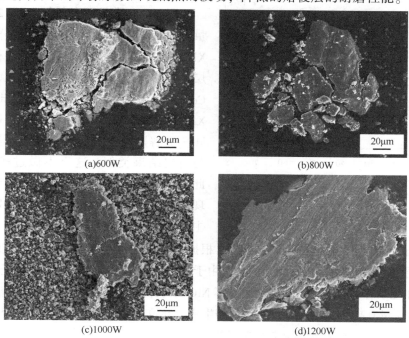

(a)600W　　　　　　　　　　　(b)800W

(c)1000W　　　　　　　　　　(d)1200W

图 4-33　不同工艺参数下磨屑形貌

4.4 AlCoCrFeNi/Ni@MoS₂自润滑相的调控及耐磨性研究

4.4.1 粉末形貌及自润滑高熵合金熔覆层分析

根据试验研究和文献调研，随着激光功率增加，自润滑相含量下降，熔覆层的耐磨性能减弱。因此，在低激光功率条件下，选用合适激光工艺参数可以有效增强 Ni@MoS₂/AlCoCrFeNi 高熵合金熔覆层的耐磨性能。然而，摩擦系数曲线不稳定以及磨损失重整体偏高，仍然是 Ni@MoS₂/AlCoCrFeNi 熔覆层存在的问题。

自润滑膜的形成依赖自润滑相分布及含量，当自润滑相分布不均时自润滑膜将无法形成或连续性差，会降低熔覆层的耐磨性。由于 Ni@MoS₂ 密度较低，在送粉过程中会出现上浮现象，导致自润滑相在熔覆层中分布不均匀。基于此，本章节通过球磨调控熔覆层中自润滑相分布。探究自润滑相分布对 AlCoCrFeNi 高熵合金熔覆层的显微结构及耐磨性能影响。

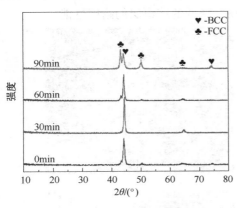

图4-34 不同球磨时间下
熔覆层的物相分析

（1）熔覆层的物相分析

图4-34 是不同球磨参数下 12%（质量分数）Ni@MoS₂/AlCoCrFeNi 熔覆层的 XRD 分析。从图中可以发现，四种熔覆层主要以 BCC 相为主，保留了原始 AlCoCrFeNi 粉末成分。不同球磨时间下 XRD 未出现 MoS₂ 衍射峰，主要是由于 MoS₂ 分解以及熔覆层中 MoS₂ 含量较少，与前文结果类似，这里不做过多赘述。此外，随着球磨时间增加，熔覆层中出现 FCC 相。在高熵合金熔覆层中 BCC 相主要是以无序（Fe，Cr）相和（Al，Ni）相为主，而 FCC 相主要是（Fe，Ni）为主。根据相关文献研究，BCC 与 FCC 相结构的转变受到熔覆层中 Al 和 Ni 元素影响。由于不同元素的熔点不一致，在激光熔覆过程中 Al 元素容易蒸发，而球磨工艺破坏 Ni@MoS₂ 粉末表面的 Ni 层，导致熔覆层中 Ni 元素含量升高，促使更多（Fe，Ni）相生成，导致 XRD 衍射峰向 FCC 转变。

（2）不同球磨时间下粉末微观形貌

图4-35 是 AlCoCrFeNi 粉末和 Ni@MoS₂粉末球磨后的形貌图。AlCoCrFeNi 粉

末呈圆球形，Ni@ MoS$_2$粉末呈不规则块状，通过行星球磨机对两种粉末球磨，球料比是 8∶1，球磨时间分别是 0min、30min、60min 和 90min。0min 是指不进行球磨的粉末（机械混合），与第 3 章 800W 熔覆层表现一致，为了方便说明本章统一为 0min。

图 4-35　球磨粉末形貌

由图可知，机械混合的 AlCoCrFeNi 粉末和 Ni@ MoS$_2$之间仅是接触并未出现吸附现象。经过 30min 的球磨，高熵合金粉末仍保持原先形貌，少量 Ni@ MoS$_2$粉末出现破碎，并开始出现吸附现象。从 60min 粉末形貌中可以发现，部分 Ni@ MoS$_2$粉末呈现半圆弧状态，与高熵合金粉末呈现半包裹状态，但整体仍是相互独立。在 90min 粉末形貌中，Ni@ MoS$_2$粉末完全破碎并与 AlCoCrFeNi 粉末相互吸附。Ni@ MoS$_2$是在 MoS$_2$粉末外侧使用 Ni 进行包覆，当 Ni@ MoS$_2$完全破碎后 MoS$_2$会暴露在空气中，在激光熔覆过程会增加 MoS$_2$分解，因此本章球磨时间最长为 90min。综上所述，随着球磨时间增加，AlCoCrFeNi 粉末的形貌不会出现改变，Ni@ MoS$_2$粉末形貌会出现一定程度的破坏，在 90min 时破坏最为严重。在 30min 和 60min 的球磨工艺条件下，Ni@ MoS$_2$粉末更多以块状物体存在，在熔覆过程中，Ni@ MoS$_2$表层的 Ni 会吸收部分热量从而降低 MoS$_2$气化，增加熔覆层中自润滑相含量及耐磨性能。

（3）熔覆层的截面形貌

图 4-36 是不同球磨参数下熔覆层的截面形貌图。可以看到四种熔覆层结合良好，厚度均匀，结构致密并未出现扩展性裂纹和贯穿性孔洞，表明激光功率与扫描速度匹配。基体与熔覆层形成良好冶金结合，图中白色虚线是熔覆层与基体之间分界线。在 0min 和 30min 熔覆层顶部可以观察到球块形貌的粘连相，其形成原因主要有以下两方面：其一是 Ni@ MoS$_2$粉末密度小于 AlCoCrFeNi 粉末，因此在熔覆过程中会出现上浮现象。随着球磨进行，Ni@ MoS$_2$粉末与 AlCoCrFeNi 粉末相互吸附降低上浮趋势，减少顶部粘连相的出现。其二是熔化的高熵合金在顶部与保护气体充分接触导致顶部的散热速率最大，不同的凝固速率造成高熵合金粘连。基于以上两点在激光熔覆过程中，在熔覆面的表层容易出现粘连相，粘连相与熔覆层之间结合强度弱，因此使用砂纸即可去除，并不会对熔覆层的耐磨性能造成影响。

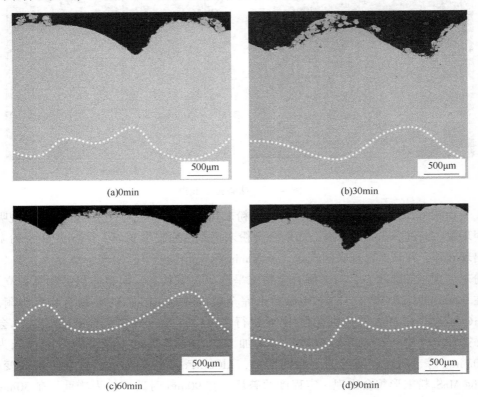

(a)0min   (b)30min

(c)60min   (d)90min

图 4-36　不同球磨时间下 Ni@ MoS$_2$/AlCoCrFeNi 熔覆层截面形貌

　　图 4-37 是不同球磨参数下 12%（质量分数）Ni@ MoS$_2$/AlCoCrFeNi 熔覆层的元素线扫图。由图可知，Al、Co、Cr、Fe 和 Ni 等元素在熔覆层内分布均匀，仅在靠近基体一侧出现明显下降趋势，表明不同球磨时间下各元素含量大体一致，熔覆层与基体结合良好。不同球磨时长下熔覆层的过渡层分别是 106μm、96μm、81μm 和 70μm，由于球磨时间增加，使得 Ni@ MoS$_2$ 粉末包覆在 AlCoCrFeNi 高熵合金粉末表层，降低 AlCoCrFeNi 高熵合金粉末的扩散，减缓熔覆层的稀释率。本章的过渡层均低于 106μm，显著小于熔覆层的厚度，且在熔合区域附近。因此，球磨时间导致熔覆层过渡区的下降并不会显著增强熔覆层耐磨性能。

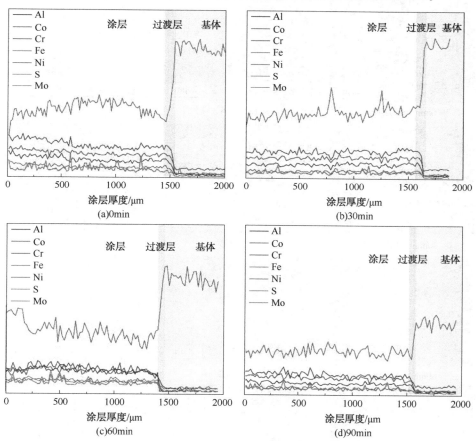

图 4-37　不同球磨时间 Ni@ MoS$_2$/AlCoCrFeNi 熔覆层的元素分布线扫图

4.4.2　熔覆层的自润滑相显微形貌及成分分析

　　图 4-38 是不同球磨参数下 12%（质量分数）Ni@ MoS$_2$/AlCoCrFeNi 熔覆层顶

部、中部和底部的显微形貌。图中显微形貌主要是由灰色衬度的基体和黑色衬度的自润滑相组成，这与不同激光功率下 Ni@ MoS$_2$/AlCoCrFeNi 熔覆层显微形貌一致。由于 Ni@ MoS$_2$ 粉末密度低于 AlCoCrFeNi 高熵合金粉末，在熔覆过程中 Ni@ MoS$_2$ 会出现上浮现象，因此在 0min 熔覆层中顶部与中部的自润滑相分布不均匀。随着球磨时间增加，自润滑相分布逐渐均匀。这是由于球磨时间增加 Ni@ MoS$_2$ 粉末与 AlCoCrFeNi 高熵合金粉末之间的吸附性，在熔覆过程中一定程度上降低 Ni@ MoS$_2$ 粉末上浮，促使润滑相均匀分布在熔覆层的顶部、中部和底部。

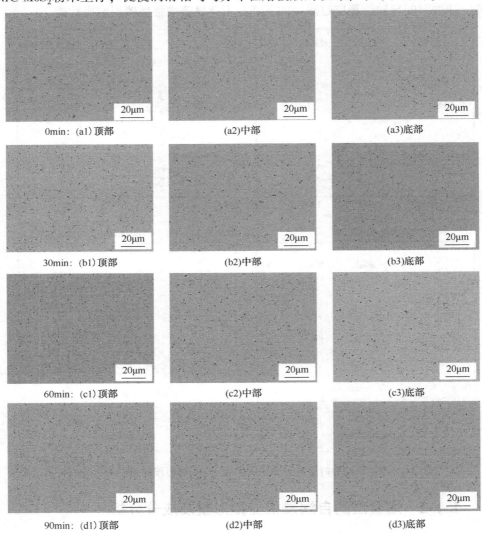

图 4-38　不同球磨时间 Ni@ MoS$_2$/AlCoCrFeNi 熔覆层的显微形貌

表 4-7 是不同球磨参数下 12%（质量分数）Ni@ MoS$_2$/AlCoCrFeNi 熔覆层顶部、中部和底部的元素成分分析。可以看到在不同球磨参数下熔覆层顶部 Al、Co、Cr、Fe 和 Ni 元素成分接近 1∶1，在中部及底部 Fe 元素出现明显升高现象。这是由于基体中的 Fe 元素扩散到熔覆层中，随着球磨时间增加底部 Fe 元素扩散程度明显下降，这与过渡层变化一致，证明 Ni@ MoS$_2$粉末包覆在 AlCoCrFeNi 粉末外侧可以降低熔覆层的稀释率。高熵合金中各元素熔点排序分别是 Al、Ni、Co、Fe 和 Cr，因此在激光照射下，Al 元素会率先逸出熔覆层，包覆在高熵合金粉末外侧的 Ni@ MoS$_2$粉末会分解成 Ni、S 和 Mo，其中 Ni 会与 Fe 生成（Fe，Ni）相，这一现象与 XRD 中 FCC 相的峰表现一致。

表 4-7　不同区域 EDS 成分分析　　　　at. %

球磨时间/min	区域	Al	Co	Cr	Fe	Ni	S/Mo
30	顶部	13.62	16.17	18.79	22.77	24.02	4.46
	中部	6.92	18.88	22.81	25.21	19.12	7.06
	底部	7.6	16.35	14.46	35.8	20.09	5.58
60	顶部	10.56	14.17	22.66	23.98	23.18	5.46
	中部	6.68	11.54	19.76	30.4	26.44	5.18
	底部	8.96	18.75	17.65	33.21	12.02	9.41
90	顶部	7.8	18.81	20.9	23.69	21.42	7.38
	中部	8.2	18.21	18.31	32.53	17.47	5.28
	底部	4.9	19.37	17.19	37.5	15.01	6.03

图 4-39 是对不同球磨参数下熔覆层顶部、中部和底部自润滑相含量的统计。自润滑相含量对熔覆层耐磨性能有重要影响，均匀且大量的自润滑相可以有效降低熔覆层的耐磨性能。从图 4-39(a)可以看到，机械混合的自润滑相从顶部到底部呈下降趋势，这是由于 Ni@ MoS$_2$粉末在送粉过程中的上浮，会优先接触激光从而导致分解及气化。在磨损过程中，由于顶部和中部的分布不均匀将会导致磨损不稳定。熔覆层底部的自润滑相低于中部和顶部，这主要是基于以下两种原因，其一是 MoS$_2$在液态熔池中有上浮现象，其二是熔池底部的稀释率导致部分 S、Mo 向基体扩散。

随着球磨时间增加，顶部至底部的自润滑相含量呈现先增大后减小趋势，表明球磨可以有效改善顶部及中部的自润滑相分布。在本章试验条件下，磨损并未进行到熔覆层底部因此中部和顶部自润滑相越均匀，熔覆层耐磨性能越稳定。图 4-39(b)是不同球磨工艺下熔覆层自润滑相平均含量，0min、30min、60min

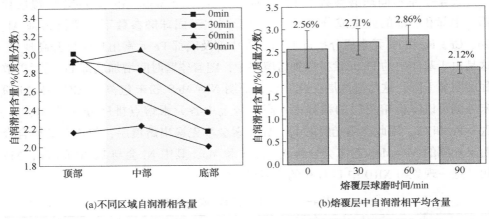

(a)不同区域自润滑相含量　　　　　(b)熔覆层中自润滑相平均含量

图 4-39　不同球磨时间 Ni@MoS$_2$/AlCoCrFeNi 熔覆层的自润滑相含量

和 90min 熔覆层自润滑相含量分别是 2.56%、2.71%、2.86% 和 2.12%。其中 90min 熔覆层的自润滑相含量最低，这主要是 AlCoCrFeNi 高熵合金粉末的质量密度明显大于 Ni@MoS$_2$ 粉末，在球磨过程中会破坏 Ni@MoS$_2$ 粉末表层的包覆结构，降低 Ni 对于 MoS$_2$ 在激光能量密度下的保护和隔离作用。随着球磨时间增加，各熔覆层中自润滑相含量的误差值也在逐渐降低，表明合理的球磨时间，可以改善熔覆层中自润滑相的分布及含量，过长球磨时间会导致自润滑相分解，从而降低熔覆层的耐磨性。

图 4-40 是不同球磨参数下 12%（质量分数）Ni@MoS$_2$/AlCoCrFeNi 熔覆层中自润滑相的显微形貌。在磨损过程中，大尺寸的自润滑相在磨损过程中可以形成更完整的润滑膜，降低熔覆层的耐磨性能。当球磨时间由 30min 增加到 90min，自润滑相的尺寸由 3μm 降低到 0.7μm，下降约 80%。这是由于，球磨破坏 Ni@MoS$_2$ 粉末结构，使得粉末中出现更小粒径的 Ni@MoS$_2$ 粉末，在熔覆过程中小尺寸的 Ni@MoS$_2$ 团聚成小的润滑相。从图中可以看到，自润滑相是相互独立且并未形成相应团聚，因此熔覆层的硬度并不会出现显著变化。

图 4-41 是不同球磨参数下 12%（质量分数）Ni@MoS$_2$/AlCoCrFeNi 熔覆层中自润滑相的成分分析。自润滑相中 S/Mo 元素的含量高低表示自润滑相中 MoS$_2$ 的多少，在磨损过程中 MoS$_2$ 越多熔覆层的摩擦磨损系数越低，熔覆层耐磨性能越好。从图中可以看到，不同球磨参数下自润滑相中 S/Mo 元素的含量均在 20% 以上，表示球磨可以在一定程度上增加润滑相中 S/Mo 元素含量。但是，当球磨时间过长，会导致润滑相 S/Mo 元素降低。如果球磨时间过短，Ni@MoS$_2$ 粉末不会与高熵合金粉末形成吸附，会造成自润滑相中 MoS$_2$ 的含量不稳定，从而降低熔覆层的耐磨性能。

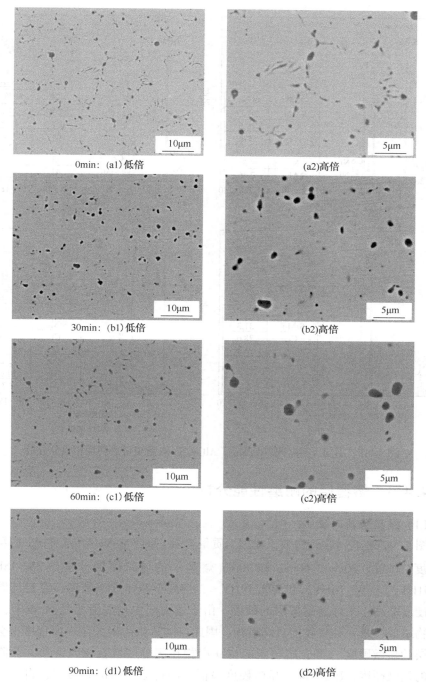

图 4-40　不同球磨时间 Ni@ MoS$_2$/AlCoCrFeNi 熔覆层的润滑相形貌

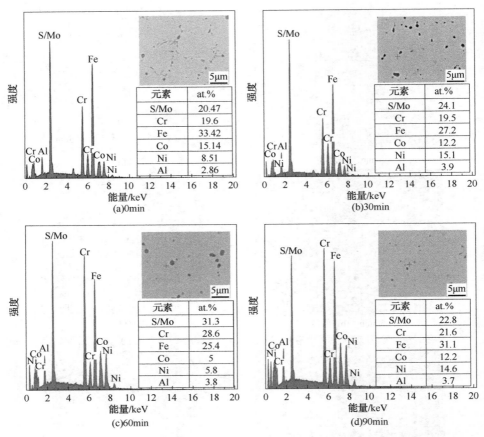

图 4-41　不同球磨时间 Ni@ MoS₂/AlCoCrFeNi 熔覆层自润滑相成分分析

4.4.3　熔覆层的耐磨性能分析

（1）熔覆层显微硬度

图 4-42 是不同球磨参数下 12%（质量分数）Ni@ MoS₂/AlCoCrFeNi 熔覆层显微硬度。0min、30min、60min 和 90min 熔覆层的显微硬度分别是 360.18HV$_{0.3}$、381.51HV$_{0.3}$、392.16HV$_{0.3}$ 和 398.39HV$_{0.3}$，均高于基体显微硬度，经过球磨后熔覆层硬度略高于未球磨熔覆层的硬度。由于熔覆层中自润滑相是由 MoS₂、Cr 等硫化物组成，是一种较软的自润滑相，因此自润滑相团聚，在一定程度上会降低熔覆层的显微硬度。0min 熔覆层的自润滑相在部分区域会相互连接，会降低该区域的显微硬度，因此 0min 显微硬度最低。经过球磨后的熔覆层，自润滑相是独立存在，因此熔覆层显微硬度会增加。综上所述，随着球磨进行，熔覆层的显

微硬度主要与自润滑相分布有关，球磨后显微硬度均高于机械混合显微硬度。

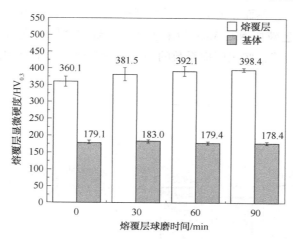

图 4-42　不同球磨时间 Ni@ MoS$_2$/AlCoCrFeNi 熔覆层的显微硬度

（2）熔覆层耐磨性能

图 4-43（a）是不同球磨参数下 12%（质量分数）Ni@ MoS$_2$/AlCoCrFeNi 熔覆层的平均磨损失重结果。30min、60min 和 90min 熔覆层的磨损失重分别是 20.06mg、16.97mg 和 19.33mg，相比 0min 机械混合的熔覆层（24.13mg），球磨后熔覆层的平均磨损失重均有所下降，分别降低 20.2%、42.19% 和 24.8%。根据 Archard 磨损理论，三种熔覆层显微硬度无明显差距，因此造成平均磨损失重的主要原因是熔覆层内自润滑相分布及润滑相中 MoS$_2$ 含量的差异。

图 4-43（b）是不同球磨参数下 12%（质量分数）Ni@ MoS$_2$/AlCoCrFeNi 熔覆层的摩擦磨损系数曲线。球磨时间 0min、30min、60min 和 90min 熔覆层的摩擦磨损系数分别是 0.39、0.40、0.37 和 0.41。球磨后熔覆层的摩擦磨损曲线在 0~50s 有一个陡然上升的趋势，随后趋于稳定，这是磨损过程中的磨合阶段与稳定磨损阶段。机械混合的磨合阶段在 0~200s，是球磨后熔覆层的 4 倍，这主要是 0min 熔覆层顶部的自润滑相明显高于其他三种熔覆层，但随着表层的自润滑相脱落，中部的自润滑相含量明显降低，因此 0min 熔覆层的磨合阶段较长。

从图 4-43（b）可以看出，0min 和 30min 熔覆层的摩擦磨损曲线在稳定磨损阶段波动较大，结合自润滑相分布规律分析，这是由于在 0min 和 30min 熔覆层中部自润滑相分布不均匀，部分区域含有少量自润滑相，当磨损进行到这一区域时，熔覆层会大量脱落，从而导致摩擦磨损系数出现一个剧烈波动；在自润滑相富集区域，自润滑相会形成相应减磨层从而降低熔覆层的摩擦系数。随着球磨进行，球磨后熔覆层的稳定性明显高于机械混合的熔覆层，其中90min熔覆层摩擦磨损曲线最为稳定。然而，90min的平均摩擦系数是三种熔覆层中最高，这是由于长时间球磨工艺破坏Ni@MoS₂粉末表面，导致熔覆层自润滑相含量出现一定程度下降。综上所述，摩擦磨损系数的稳定程度与熔覆层中自润滑相的分布呈正相关。

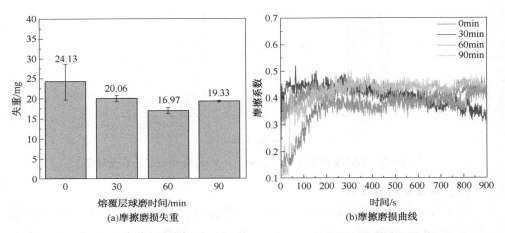

(a)摩擦磨损失重　　　　　　　　(b)摩擦磨损曲线

图4-43　不同球磨时间Ni@MoS₂/AlCoCrFeNi熔覆层的摩擦磨损性能

（3）熔覆层磨损形貌

图4-44是不同球磨参数下熔覆层摩擦磨损形貌图。三种熔覆层在摩擦副切应力的作用下，均存在一定程度的剥离和凹陷，部分位置出现黏着磨屑。这是由于自润滑相中富含有MoS₂、Cr等富硫化物，导致熔覆层硬度较低，因此在滑动过程中磨屑会破坏熔覆层表面，形成典型的磨粒磨损凹坑。由于熔覆层内自润滑相的分布不均因此在不同球磨时间下熔覆层的磨损形貌表现不一，在图4-44（a）中可以看到，部分磨损区域发生凹坑及层状脱落，图4-44（b）表面平整，仅存在少量的犁沟及层状脱落，图4-44（c）表面存在较深的犁沟及大面积的层状分离。犁沟宽度及深浅主要与金属磨屑有关，90min熔覆层中自润滑相含量最少，因此产生金属磨屑硬度最高，在磨损过程中，金属磨屑会富集在摩擦副表面，从而在熔覆层表面形成沟壑。综上所述，三种熔覆层的磨损机制主要是磨粒磨损。

图4-45是不同球磨参数下12%（质量分数）Ni@MoS₂/AlCoCrFeNi熔覆层摩擦磨损形貌表面的元素分布图。从图中可以看到，磨损表面S/Mo元素在犁沟和凹坑处分布均匀，表明润滑相填补熔覆层和摩擦副之间的空隙，增强熔覆层的耐磨性能。此外，在磨损表面可以看到大量O元素富集，并且随着球磨时间延长，O元素富集显著。在磨损过程中，磨损表面热量持续升高，产生摩擦热，高温金

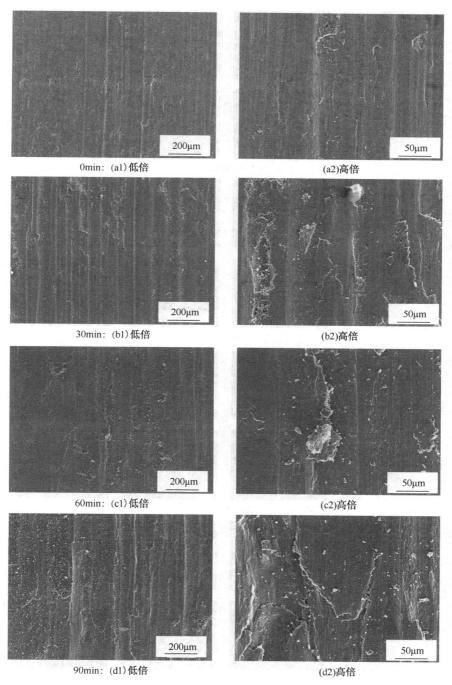

图 4-44　不同球磨时间下的摩擦磨损表面形貌

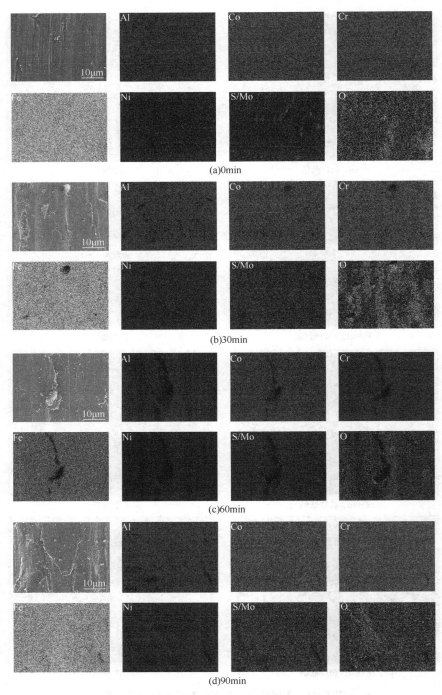

图 4-45　不同球磨时间下的摩擦磨损表面形貌元素分布

属与 O 反应，使得磨损表面出现氧化，形成一层氧化膜。磨损过程中除了自润滑相外，氧化膜的产生一定程度上也降低磨损失重，二者在高载荷作用下形成具有润滑效果的自润滑膜。在 30min 磨损凹陷处并未出现 O 元素富集，这是由于氧化膜脱落，下层氧化膜还未形成，因此除了磨粒磨损外仍然存在轻微的氧化磨损。

图 4-46 是不同球磨参数下熔覆层磨损截面形貌。从图 4-46(a)可以看到部分区域没有润滑相，这是由于机械混合的熔覆层内润滑相分布不均匀，导致没有润滑相的区域出现严重脱落和剥离，增加熔覆层的失重。从图 4-46(b)和(c)可以看出，磨损截面上层出现灰色膜，结合图 4-45 磨损表面元素分布分析，这些膜是由 O 和 S/Mo 元素构成的自润滑膜。在 30min 磨损截面处，自润滑膜不连续，在载荷作用下出现相应碎裂，从而导致熔覆层脱落。随着球磨时间增加，磨损截面形貌逐渐趋于平整，自润滑膜逐渐趋于平整且变厚。在 90min 熔覆层中，由于自润滑相的减少，导致自润滑膜变薄。

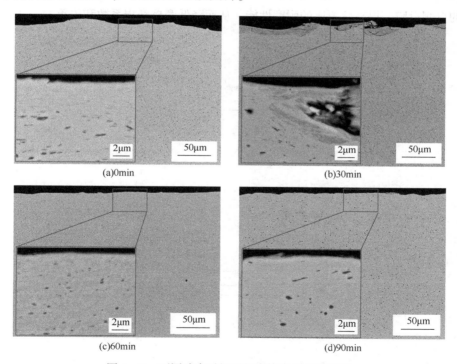

(a)0min (b)30min

(c)60min (d)90min

图 4-46 不同球磨时间下的摩擦磨损截面形貌

(4) 熔覆层减磨机理

通过对磨损截面，磨损表面和元素分布综合分析，在 AlCoCrFeNi 高熵合金中加入 Ni@ MoS$_2$可以有效增强熔覆层的耐磨性能。MoS$_2$外层的 Ni 有效降低 MoS$_2$

分解，在激光低能量密度作用下，MoS_2 与 Cr 团聚同时形成 S-Mo-Cr 自润滑相。

图 4-47 是自润滑相在 Ni@ MoS_2/AlCoCrFeNi 熔覆层减磨机理。在磨损开始阶段，在切应力作用下，熔覆层开始发生塑性变形，形成犁沟、裂纹等缺陷。这时磨损主要是以疲劳磨损为主。在熔覆层和摩擦副之间做往复运动时，磨损区域产生碎屑，随后这些碎屑被粉碎成不规则的磨屑，这时磨损机理主要是磨粒磨损。在载荷作用下，S-Mo-Cr 自润滑相被拖拽至磨损表面，碾压成 S-Mo-Cr 自润滑膜，填充摩擦副与熔覆层之间的间隙。由于 S-Mo-Cr 相具有独特的层状结构，可以降低界面处剪切应力，导致摩擦系数下降。随着磨损进行，磨损界面温度不断上升，导致 S-Mo-Cr 膜被氧化形成一种具有氧化性质的 S-Mo-Cr 膜。结合 EDS 分析，自润滑膜含有 Cr、MoS_2 等化合物和 Fe_2O_3 等氧化产物，代替熔覆层被消耗。随着磨损不断进行，新的自润滑膜会不断生成，同时代替熔覆层被消耗。这时磨损机制转变为磨粒磨损和轻微的氧化磨损。自润滑相和氧化膜的协同作用，形成完整连续的自润滑膜，提高熔覆层的耐磨性能，从而降低摩擦磨损系数和失重。

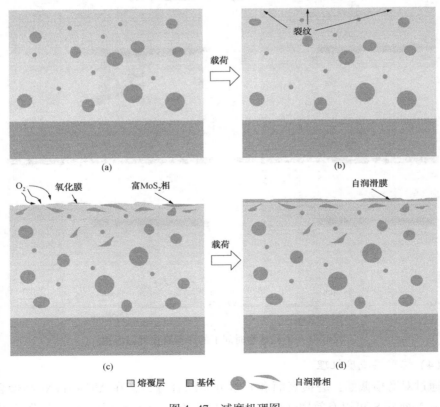

图 4-47　减磨机理图

第 5 章　TiC 与固体润滑剂耦合增强 AlCoCrFeNi 熔覆层耐磨性能

5.1　MoS$_2$ +TiC/AlCoCrFeNi 熔覆层耐磨性能

为进一步提升 AlCoCrFeNi 高熵合金熔覆层的耐磨性能，将硬质相 TiC 和固体润滑相 MoS$_2$复合添加，将提升熔覆层硬度和降低摩擦系数两种提升耐磨性能的方式结合，以获得高硬度、低摩擦系数的硬质自润滑熔覆层。将 TiC 添加量固定为 60%（质量分数），添加 3%（质量分数）、6%（质量分数）和 9%（质量分数）MoS$_2$制备 AlCoCrFeNi 高熵合金硬质自润滑熔覆层，分别命名为 TM3、TM6 和 TM9。对 AlCoCrFeNi+TiC/MoS$_2$高熵合金硬质自润滑熔覆层的物相组成、微观组织、显微硬度和耐磨性能的影响及磨损机制进行研究。

5.1.1　熔覆层的物相组成及微观组织

（1）高熵合金硬质自润滑熔覆层物相分析

图 5-1 为 AlCoCrFeNi+TiC/MoS$_2$高熵合金硬质自润滑熔覆层的 XRD 图谱。由图可知，同时添加硬质相 TiC 和固体润滑相 MoS$_2$使 AlCoCrFeNi 高熵合金熔覆层的物相发生了较大的变化。AlCoCrFeNi 熔覆层原有的 BCC 相衍射峰强度大幅减弱。TiC 的衍射峰较强，说明熔覆层中保留有大量的 TiC 相，部分 TiC 分解生成了 TiC$_2$相。在激光的高温作用下，大部分的 MoS$_2$分解为 Mo 和 S，其中 Mo 与高熵合金中的 Ni、Cr、Co 形成了 FCC 结构的 Ni-Cr-Co-Mo 相，并且有部分 MoS$_2$分解成 Mo$_2$S$_3$相。

TiC 分解的 Ti 和 C 元素与 S 元素生成了 TiS$_2$和 Ti$_2$SC，Ti$_2$SC 具有层状结构。熔覆层中还有少量的 Cr$_7$C$_3$相。随着 MoS$_2$添加量的增加，TiC$_2$、TiS$_2$、Cr$_7$C$_3$、Mo$_2$S$_3$等物相的衍射峰逐渐增强，表明有更多的 S 元素与熔池中的元素反应。由于高熵合金的迟滞扩散效应和晶格畸变效应，大部分的元素以固溶体形式存在，当 Mo 元素大量固溶于 Ni-Cr-Co 的面心立方结构中，大原子半径的 Mo 引起的晶

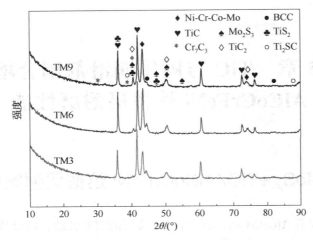

图5-1　AlCoCrFeNi+TiC/MoS$_2$高熵合金硬质自润滑熔覆层 XRD 图谱

格畸变会产生固溶强化效应，提高母相基体的强度以提升熔覆层的耐磨性。金属化合物的数量则明显少于相律计算的数量，含量较低，在 XRD 图谱中衍射峰强度较小。

（2）高熵合金硬质自润滑熔覆层微观组织分析

图5-2 显示了添加不同 MoS$_2$ 质量分数的高熵合金硬质自润滑熔覆层的截面形貌。从图中可以发现，三种添加量下的熔覆层底部均有黑色大块颗粒的聚集，尺寸约100μm，保持了初始的棱块形态，根据形貌推断为未熔化的 TiC 颗粒。熔覆层以深灰色衬度为主，与 AlCoCrFeNi+x(TiC)高熵合金复合熔覆层相似，说明部分 TiC 熔化后重新结晶形成小尺寸颗粒弥散分布于熔覆层中。此外，硬质自润滑熔覆层中出现了白色块状区域，在熔覆层中出现了尺寸在 100~200μm 的大孔洞，在熔覆层的搭接处则出现了裂纹。TM3、TM6 和 TM9 的平均厚度分别为2200μm、2160μm 和 1800μm，与 AlCoCrFeNi 高熵合金熔覆层相比，厚度大幅增加。

TiC 和 MoS$_2$ 的引入对熔覆层的成形质量和 TiC 颗粒有较大影响，孔洞的出现主要是 MoS$_2$ 的分解，S 气化形成了气孔，以及熔覆工艺参数的改变。熔覆层搭接部位出现了裂纹缺陷，一方面是 TiC 使熔覆层的韧性降低造成了裂纹，未完全熔化的大颗粒 TiC 与界面润湿性更差成为裂纹源；另一方面激光功率的降低，包覆在 TiC 颗粒外部的 MoS$_2$ 粉末熔化后，熔覆能量密度不足以将 TiC 颗粒完全熔化，并且激光热源呈高斯分布，搭接的位置处于激光光斑边缘，能量密度降低使搭接处熔合不良造成裂纹。在保护气流和热流的冲击作用下，原始态 TiC 颗粒部分熔化并在中下部聚集。

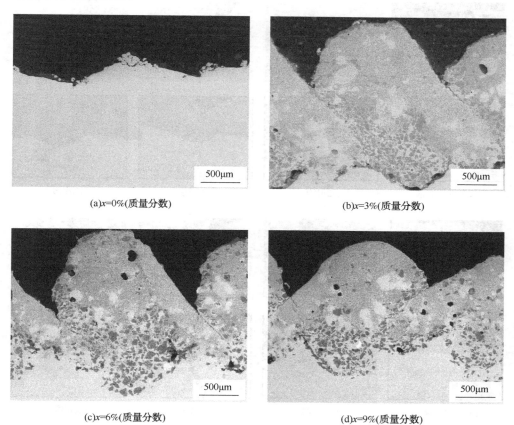

(a)x=0%(质量分数)

(b)x=3%(质量分数)

(c)x=6%(质量分数)

(d)x=9%(质量分数)

图 5-2　AlCoCrFeNi+60%(质量分数)TiC/xMoS$_2$高熵合金硬质自润滑熔覆层截面形貌

图 5-3 为高熵合金硬质自润滑熔覆层顶部、中部、搭接部位和底部显微形貌图。表 5-1 列举了 TM9 高熵合金硬质自润滑熔覆层典型区域 EDS 点扫结果。根据点 A、G、J 能谱结果可知，TM9 熔覆层的母相仍是以 AlCoCrFeNi 为基。与 TiC 复合熔覆层和自润滑熔覆层相似，Fe 元素含量因稀释作用较高并且越靠近基体含量越高，而 Al、Co、Cr、Ni 等元素原子比接近 1∶1。由于 TiC 和 MoS$_2$ 的分解，母相中固溶有 Ti、C、Mo、S 元素。而熔覆层中白色区域，根据能谱结果可知该区域主要为 Fe 和 C 元素，含有少量的其他元素，表明熔覆层中出现了成分不均匀的偏析区域。点 C、I、L 能谱结果证明大尺寸的黑色颗粒为未完全熔化的 TiC 颗粒，从图中可知，大尺寸的 TiC 颗粒存在破裂的现象，TiC 内部存在微裂纹。

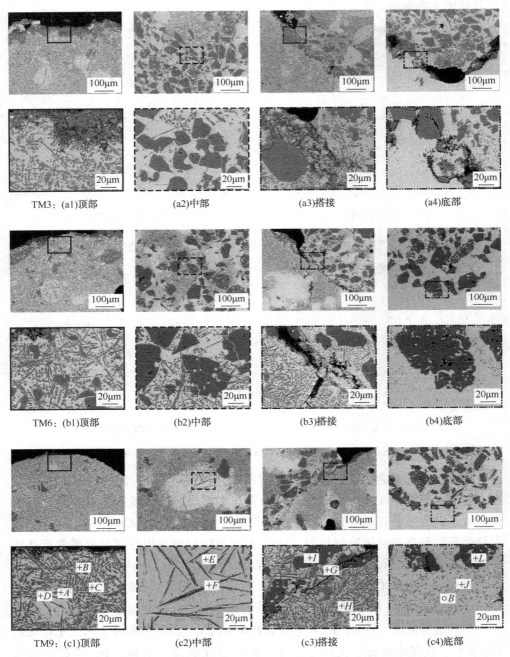

图 5-3　高熵合金硬质自润滑熔覆层顶部、中部、搭接部位和底部截面形貌

表 5-1　高熵合金硬质自润滑熔覆层典型微区成分　　　　at. %

位置	区域	Al	Co	Cr	Fe	Ni	Ti	C	Mo	S
顶部	A	8.92	10.69	8.40	39.34	10.67	2.01	19.17	0.73	0.07
	B	0.15	0.41	1.04	1.23	0.31	41.19	53.26	2.12	0.29
	C	0.07	0.36	0.88	1.13	0.23	36.54	57.62	2.31	0.87
	D	0.78	2.33	4.59	9.63	1.88	32.45	33.11	0.85	14.38
中部	E	1.57	2.16	2.66	70.87	2.76	0.85	17.42	1.69	0.02
	F	0.21	0.20	0.29	2.80	0.07	40.65	37.57	1.56	16.65
搭接	G	6.66	9.13	6.27	50.62	8.80	1.57	16.23	0.05	0.68
	H	0.22	0.68	1.89	3.37	0.44	34.60	53.83	1.98	3.01
	I	—	0.03	0.11	0.19	0.22	51.31	48.14	—	—
底部	J	1.78	1.25	1.93	78.01	1.85	0.54	13.90	0.74	—
	K	0.81	0.67	0.78	27.00	0.89	29.00	29.08	1.44	10.33
	L	0.04	—	0.03	0.44		49.79	49.69	—	—

三种熔覆层的顶部均存在有少量不完全熔化的 TiC 颗粒, 在灰白衬度的母相中均匀分布有大量树枝状或鱼骨状的黑色相, 点 B 的能谱显示该相的 Ti/C 原子比接近 1∶1, 表明该相为重新结晶的小尺寸 TiC 颗粒, 与第 3 章的硬质复合熔覆层中的 TiC 颗粒形态相符。此外, 高熵合金硬质自润滑熔覆层中还出现了与小尺寸 TiC 交错分布的板条状黑色物相, 如点 D 所示。根据其化学成分可知, 该相 Ti、C、S 和 Fe 元素含量较高, 是由 Ti_2SC、TiS_2、FeS 等物相组成的富硫化合物。熔覆层中部的偏析区域则只有极少数的 TiC 相分布, 根据点 F 的成分可知, 黑色板条状物相与顶部黑色条状物相成分相似, 为富硫化合物, 但是由于没有 TiC 颗粒的约束, 黑色富硫化合物尺寸从顶部的 $20\mu m$ 生长至 $80\mu m$ 左右。

三种熔覆层搭接部位均明显观察到了裂纹, 裂纹沿着 TiC 内部的微裂纹延伸拓展。熔覆底部则以大尺寸的 TiC 颗粒为主, 小尺寸的 TiC 则不再以鱼骨状形态存在, 而是以花瓣状形态存在。大尺寸 TiC 在熔覆层底部聚集的主要原因是未完全熔化的 TiC 颗粒质量较大并在热源和载气流的冲击作用下沉入熔池底部并凝固, 少量 TiC 颗粒在熔池对流作用下分布于熔池中上部。熔覆层中出现未完全熔化的大尺寸 TiC 颗粒, 一方面由于 MoS_2 粉末硬度低、尺寸小并且表面能大, 在机械混合时包覆在 TiC 颗粒表面, 避免了 TiC 颗粒直接受到激光加热作用熔化;

另一方面是由于激光功率的降低，能量密度减小，热输入减小导致 TiC 不能完全熔化。

TM6 和 TM9 熔覆层底部与基体有良好的冶金结合，熔覆层与基体的结合强度较高，然而在 TM3 熔覆层底部的结合界面出现了熔合不良的现象，存在明显的空隙。其原因是 MoS_2 添加量较少时，包覆在 TiC 及 AlCoCrFeNi 粉末的 MoS_2 更少，隔热作用小。在激光功率一定的条件下，熔化的 TiC 及 AlCoCrFeNi 粉末更多，形成的熔池尺寸更大，熔覆层厚度增加，并且大颗粒的 TiC 界面润湿性差，导致 TM3 熔覆层与基体冶金结合较差。

从三种不同 MoS_2 添加量的高熵合金硬质自润滑熔覆层不同部位的微观组织可以看出，与 TiC/AlCoCrFeNi 高熵合金复合熔覆层及 MoS_2/AlCoCrFeNi 高熵合金自润滑熔覆层不同，高熵合金硬质自润滑熔覆层的组织分布存在不均匀性，在成分上存在富 Fe 的白色偏析区域，在物相上 TiC 颗粒存在大小两种尺度，并且分布不均匀。对于熔覆层不同的部位，自润滑相的含量也有所不同，熔覆层中上部的板条状自润滑相含量明显高于熔覆层底部，熔覆层中白色衬度的富 Fe 区域自润滑相尺寸更大，但含量却有所下降。对比三种硬质自润滑熔覆层的显微组织图，发现自润滑相数量随着 MoS_2 添加量增加。

图 5-4 为 TM9 熔覆层底部界面处的 EDS 线扫图。从线扫结果可以看出，熔覆层底部与基体界面分明，Fe 元素在界面处有明显波动，Ti 和 C 元素在黑色颗粒处明显升高，Fe 元素则下降，这也进一步证实了黑色颗粒为 TiC 颗粒，而其他元素则由于稀释作用含量较低。

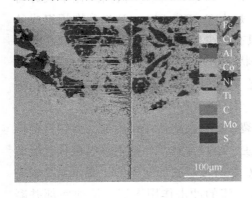

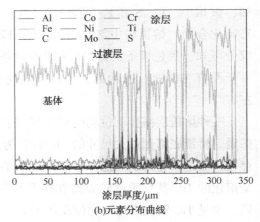

(a)线扫图　　　　　　　　　　(b)元素分布曲线

图 5-4　TM9 高熵合金硬质自润滑熔覆层底部界面处线扫图

图 5-5 熔覆层底部面扫元素分布图可以看出，Al、Co、Cr、Fe、Mo、S 等元素在熔覆层母相中均匀分布，并且与基体有明显界面。Al 元素在部分大尺寸 TiC 周围有富集的现象，Fe 元素则在黑色颗粒处有明显的空缺，Ti 和 C 元素则在黑色大尺寸颗粒处有明显的衬度，与线扫结果和表 5-1 中点 L 化学成分相一致。

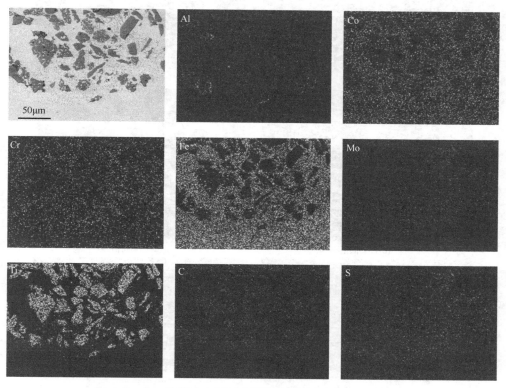

图 5-5　TM9 高熵合金硬质自润滑熔覆层底部界面处面扫图

图 5-6 为 TM3、TM6 和 TM9 高熵合金硬质自润滑熔覆层中典型的微观组织。表 5-2 列举了图 5-6 中典型组织的 EDS 分析结果。点 A、F、J 表明，熔覆层母相中固溶有较多的 C 原子，而 Al 元素较 Co、Cr、Ni 等合金元素较少，但仍接近于高熵合金的等原子比，Fe 元素则含量最高，还含有少量的 Ti 和 Mo 元素。由于高熵效应，母相中的元素形成了简单固溶体，未出现复杂的金属化合物。结合点 B、G、K 的能谱结果，黑色球形、花瓣状和鱼骨状黑色相的 Ti/C 原子比接近 1∶1，表明该相为 TiC，说明在高熵合金硬质自润滑熔覆层中 TiC 颗粒也发生了重熔结晶，TM3、TM6 和 TM9 三种熔覆层中的 TiC 形态相似，没有明显差异。

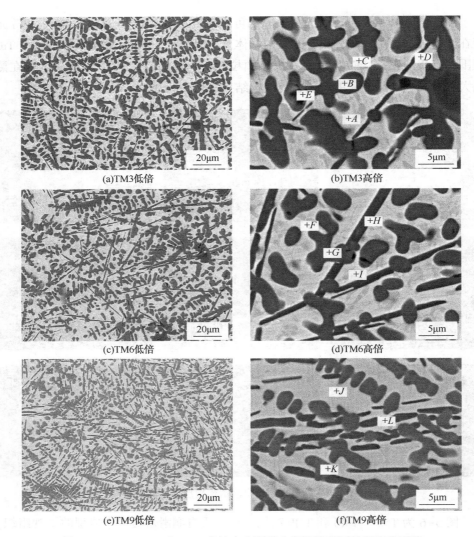

图5-6　TM3、TM6和TM9高熵合金硬质自润滑熔覆层局部显微形貌

表5-2　高熵合金硬质自润滑熔覆层典型微区成分　　　　　　　　at.%

熔覆层	区域	Al	Co	Cr	Fe	Ni	Ti	C	Mo	S
TM3	A	9.12	14.60	11.50	25.35	13.91	5.75	19.58	0.19	—
	B	—	0.11	—	0.39	0.10	48.15	51.25	—	—
	C	17.87	15.49	10.31	21.59	19.08	2.01	13.54	—	0.10
	D	2.78	5.24	6.82	8.85	4.12	30.07	28.65	1.29	12.17
	E	0.16	0.82	2.22	0.99	0.39	70.90	23.10	0.81	0.61

续表

熔覆层	区域	Al	Co	Cr	Fe	Ni	Ti	C	Mo	S
TM6	F	9.87	12.22	9.58	25.81	13.29	10.31	18.23	0.69	—
	G	0.07	0.33	1.55	0.89	0.52	41.94	52.94	1.44	0.31
	H	0.31	1.43	3.16	2.55	0.57	40.71	32.60	2.01	16.66
	I	17.80	14.47	8.67	23.25	17.67	2.38	15.44	0.32	—
TM9	J	7.98	9.33	11.61	35.37	8.53	1.79	24.53	0.77	0.09
	K	0.03	0.20	0.88	0.64	0.21	41.08	54.31	2.64	—
	L	0.33	0.59	2.15	3.11	0.55	43.00	33.53	1.47	15.27

　　在 TM3 熔覆层的 TiC 颗粒中包覆有黑色衬度的内核，从点 E 的化学成分可知，内核的 Ti/C 原子比为 2:1，黑色内核为 Ti_2C 相，Ti_2C 作为一种二维晶体，具有形成润滑保护膜进而减摩的性能。此外，在 TM3 和 TM9 母相中有灰色衬度的相在晶界周围分布，在 TM9 母相中数量明显减少。点 C 和 I 相较于母相，Al、Ni 元素含量有明显的升高，C、Fe、Ti 元素含量则下降，由此推测灰色相中含有较多 BCC 结构的 Al-Ni 相，其结果与 XRD 中 TM9 熔覆层的 BCC 相的衍射峰强度下降一致。

　　从图中可以发现，TM3、TM6 和 TM9 熔覆层中均含有黑色板条状的相，并且随着 MoS_2 的添加量逐渐增多。根据点 D、H、L 的点扫结果可知，黑色板条状的物相富含 Ti、C、S 元素，其他元素含量较低，根据其元素含量该相为含有 Ti_2SC、Ti_2S、FeS、CrS、Mo_2S_3 等物相的富硫化合物。Ti_2SC 是一种具有层片状结构的陶瓷相，兼具有陶瓷的高硬度及层状结构的低摩擦系数，具有良好的降摩减磨效果，可作为固体润滑剂，因此板条状的黑色相是以 Ti_2SC 为主体的复合自润滑相。Mo_2S_3 和 Ti_2S 是与 MoS_2 具有类似的层状结构硫化物，可以起到减磨作用。复合自润滑相与 TiC 颗粒交错分布，TiC 颗粒截断板条状的复合自润滑相。从图中可以看出 TM6 较 TM3 中的复合自润滑相更粗大，TM9 含量则更多且以更短小的形态分布于 TiC 颗粒中。

　　图 5-7 显示了 TM3、TM6 和 TM9 高熵合金硬质自润滑熔覆层局部面扫结果。从图中可以看出 Al、Co、Cr、Fe、Mo、S 等元素在熔覆层母相中分布均匀，高熵效应使元素固溶于母相的晶格之中。Al 元素在 TM3 和 TM6 的灰相中偏聚，与点扫结果一致，表明 Al、Ni 原子固溶于该相中形成了 BCC 结构。三个高熵合金硬质自润滑熔覆层中，Ti 和 C 原子都在花瓣状颗粒处大量富集形成 TiC 相，而 Ti、C、S、Mo 等元素则在板条状的复合自润滑相中富集，界面清晰。

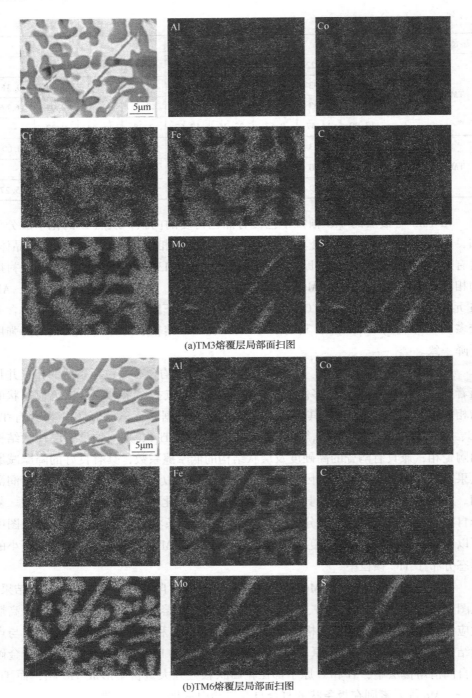

(a)TM3熔覆层局部面扫图

(b)TM6熔覆层局部面扫图

图5-7　TM3、TM6和TM9高熵合金硬质自润滑熔覆层局部面扫图

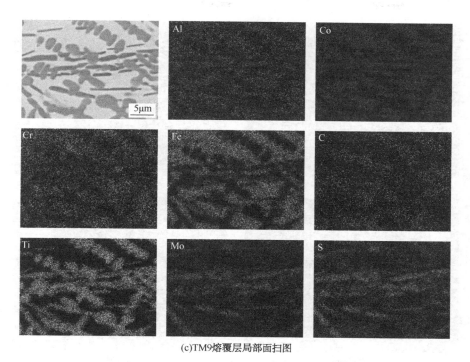

(c)TM9熔覆层局部面扫图

图5-7　TM3、TM6和TM9高熵合金硬质自润滑熔覆层局部面扫图(续)

5.1.2　熔覆层耐磨性能分析

（1）高熵合金硬质自润滑熔覆层显微硬度

图5-8为高熵合金硬质自润滑熔覆层显微硬度压痕图，图中可见未完全熔化的 TiC 以及熔化后重新结晶的 TiC。TM9 中的压痕在 TiC 附近，TiC 硬而脆使熔覆层硬度增大，韧性降低，因此 TM9 压痕边缘出现了破碎。TM6 和 TM9 中的菱形压痕清晰，三个熔覆层的压痕小于 HEAs 压痕尺寸，表明硬质自润滑熔覆层硬度有较大提升。

图5-9 显示了 HEAs、TM3、TM6 和 TM9 高熵合金硬质自润滑熔覆层截面显微硬度分布。与 HEAs 熔覆层相比，高熵合金硬质自润滑熔覆层硬度存在较大的波动，熔覆层硬度的极值相差巨大。显微硬度结果表明双尺寸的 TiC 颗粒具有显著增强作用，使硬质自润滑熔覆层硬度得到了大幅提升。此外 Ti_2SC 作为一种硬度较高的陶瓷相，也具有硬质增强相提升熔覆层硬度的作用。

高熵合金硬质自润滑熔覆层中出现了 $2200HV_{0.3}$ 左右的高硬度，主要集中在熔覆层的底部，该硬度值对应的是未完全熔化的大尺寸 TiC 颗粒，并且与熔覆层

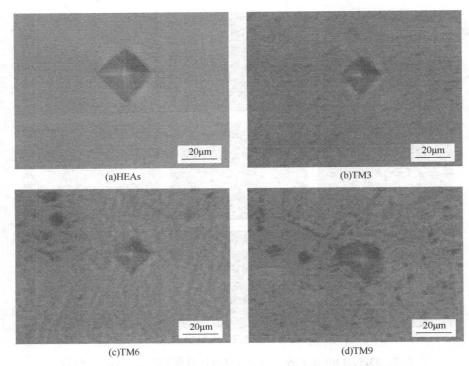

图5-8 TM3、TM6和TM9高熵合金硬质自润滑熔覆层显微硬度压痕

中 TiC 颗粒分布规律相一致。而显微硬度曲线中硬度值在 500HV$_{0.3}$ 左右的低值区域，该区域对应的是图 5-9(b) 中熔覆层中白色的富 Fe 区域，该区域由于 Fe 含量较高，Al、Co、Cr、Ni 等元素较低固溶强化效果较差，并且缺乏 TiC 颗粒的硬质相增强作用，造成该区域的硬度降低。在熔覆层母相及小尺寸 TiC 均匀的区域中，TM3、TM6 和 TM9 的硬度值显著高于 HEAs 熔覆层 577HV$_{0.3}$ 的硬度值，其平均值分别达到了 934HV$_{0.3}$、1034HV$_{0.3}$ 和 1062HV$_{0.3}$。TM6 和 TM9 熔覆层硬度较 TM3 略有升高归因于 Ti$_2$SC 含量的增加。

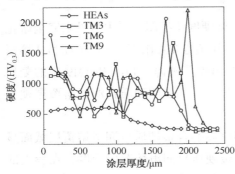

图5-9 TM3、TM6和TM9高熵合金硬质自润滑熔覆层截面显微硬度分布曲线

（2）高熵合金硬质自润滑熔覆层摩擦磨损性能

HEAs、TM3、TM6 和 TM9 高熵合金硬质自润滑熔覆层摩擦磨损试验后的平均磨损失重如图 5-10 所示。TM3、TM6 和 TM9 的磨损失重分别为 9.87mg、

5.83mg 和 1.20mg，与 HEAs 熔覆层 40.91mg 的磨损失重相比，磨损失重分别下降了 75.8%、85.7% 和 97.1%，硬质自润滑熔覆层的耐磨性能有大幅度的提升。

　　图 5-11 为 HEAs、TM3、TM6 和 TM9 高熵合金硬质自润滑熔覆层摩擦系数曲线。从图中可以看出 HEAs 的摩擦系数曲线位于最上方，随后是 TM3、TM6 和 TM9，四者的摩擦曲线均在一定范围内上下浮动。在前 300s 内，HEAs、TM3 和 TM6 的摩擦曲线呈逐渐上升的趋势，表明在磨损的初期存在磨合阶段，熔覆层与摩擦副接触面逐渐趋于稳定，HEAs 熔覆层由于缺乏硬质相和自润滑相，因此快速达到了稳定状态。而 TM9 的摩擦曲线则是在前 300s 内先下降，随后逐渐上升并趋于稳定，原因是在磨合阶段，由于 TM9 硬度更高及复合自润滑相更多，因此在磨合初期摩擦系数有下降趋势。

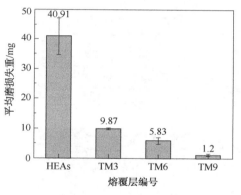

图 5-10　高熵合金硬质
自润滑熔覆层平均磨损失重

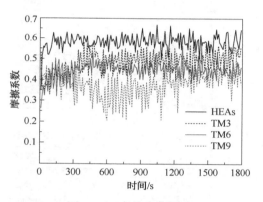

图 5-11　高熵合金硬质
自润滑熔覆层摩擦系数曲线

　　HEAs、TM3、TM6、TM9 的平均摩擦系数分别为 0.58、0.48、0.45、0.38，摩擦系数逐渐减小，表明添加 MoS_2 可以降低 TiC/AlCoCrFeNi 熔覆层的摩擦系数。与 MoS_2/AlCoCrFeNi 自润滑熔覆层相似，直接添加的固体润滑相 MoS_2 大部分在热源的作用下分解，S 元素与熔池中的合金元素形成了具有润滑作用的其他硫化物。由于加入了 TiC，在 Ti 元素和 C 元素和影响下，MoS_2/AlCoCrFeNi 自润滑熔覆层中的球形硫化物发生演变，生成了以 Ti_2SC、Ti_2S、FeS、CrS、Mo_2S_3 等物相为主的黑色板条状复合硫化物。并且与 T60 的 6.80mg 磨损失重及 0.52 的摩擦系数相比，磨损结果表明在添加量超过 6%（质量分数）MoS_2 后，对于 AlCoCrFeNi+TiC/MoS_2 复合熔覆层具有减磨的效果。

　　从磨损失重和平均摩擦系数结果可以得出，AlCoCrFeNi+TiC/MoS_2 高熵合金硬质自润滑熔覆层磨损性能的提升是由于硬度的增加及摩擦系数的降低，而熔覆层摩擦系数的降低主要是复合硫化物的生成。因此 Ti_2SC、Ti_2S、FeS、CrS、Mo_2S_3 等硫化物构成了复合自润滑相，具有自润滑的效果。

图 5-12 为 TM3、TM6 和 TM9 高熵合金硬质自润滑熔覆层表面磨损形貌。表 5-3 为三种高熵合金硬质自润滑熔覆层磨损表面 EDS 能谱分析结果。从结果可以看出，各熔覆层的磨损后表面均含有 O 元素，表明熔覆层在磨损过程中发生了不同程度的氧化，点 B、D、F 与 A、C 比较可知，O 元素含量有明显的升高，表明表面的黑色暗膜由氧化的磨屑构成，说明高熵合金硬质自润滑熔覆层伴有氧化磨损。点 E 中 Ti/C 原子比接近 $1:1$，证明该颗粒为未剥落的 TiC 颗粒。

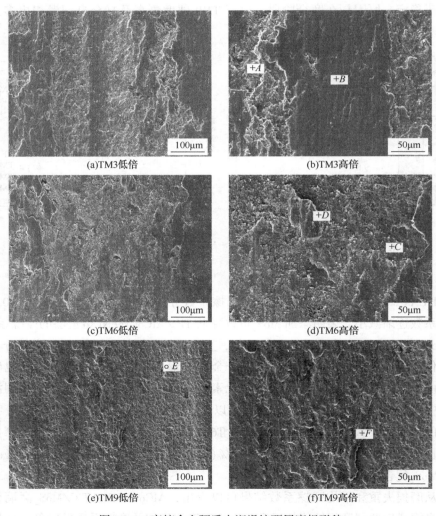

(a)TM3低倍   (b)TM3高倍   (c)TM6低倍   (d)TM6高倍   (e)TM9低倍   (f)TM9高倍

图 5-12　高熵合金硬质自润滑熔覆层磨损形貌

表 5-3　高熵合金硬质自润滑熔覆层磨损表面典型微区成分　　at. %

熔覆层	区域	Al	Co	Cr	Fe	Ni	Ti	C	Mo	S	O
TM3	A	3.34	4.67	4.62	12.67	4.49	24.46	22.25	0.23	0.81	22.46
	B	0.75	1.40	1.56	26.76	0.99	4.23	6.30	—	0.30	57.72
TM6	C	0.38	1.13	1.70	30.10	1.05	6.68	8.48	0.22	0.08	50.18
	D	0.45	0.67	1.17	30.07	0.77	3.68	9.50	0.21	0.20	53.27
TM9	E	0.12	0.05	0.10	0.08	0.01	50.62	48.95	0.07	—	—
	F	0.23	0.46	0.73	24.54	0.28	1.36	11.42	0.20	0.07	60.70

　　TM3 熔覆层磨损表面发生了较大的塑性变形，存在有面积较大的犁沟形磨痕，并且伴有熔覆层的剥落，将熔覆层中小尺寸的 TiC 颗粒暴露。TM6 熔覆层磨损表面光滑的犁沟磨痕减少，表面覆盖有一层暗色膜层，存在 TiC 颗粒受载荷作用剥离导致的凹坑。TM9 熔覆层磨损表面则变得更加光滑，附着的磨屑减少，黏着磨损造成的塑性变形减少，表面覆盖的暗膜更完整，未熔化的 TiC 大颗粒暴露在外并未剥落，表明 TM9 中 TiC 颗粒与熔覆层结合强度更高。TM3、TM6 和 TM9 高熵合金硬质自润滑熔覆层的磨损机制为黏着磨损、氧化磨损和轻微的磨粒磨损。

　　图 5-13 为 AlCoCrFeNi 高熵合金熔覆层、AlCoCrFeNi+60%（质量分数）TiC/xMoS$_2$［x=3%（质量分数）、6%（质量分数）、9%（质量分数）］高熵合金硬质自润滑熔覆层摩擦磨损后的表面三维形貌图。与 HEAs 熔覆层磨损形貌相比，硬质相 TiC 和固体润滑相 MoS$_2$ 的复合引入后，硬质自润滑熔覆层具有与 AlCoCrFeNi/TiC 复合熔覆层磨损形貌相似的层状剥落，但剥落程度有所减轻。相比于自润滑熔覆层，TiC 使熔覆层硬度提升、塑性降低，重熔结晶的小尺寸 TiC 颗粒带来的支撑作用使熔覆层抵抗摩擦载荷抗力增强，故犁沟状的划痕减少。然而在硬质自润滑熔覆层中观察到有 20~45μm 的坑状剥落，是由于不完全熔化的 TiC 颗粒与熔覆层界面结合强度不足，TiC 内部存在微裂纹，TiC 颗粒在摩擦副的正向载荷和剪切应力作用下剥落。随着 MoS$_2$ 添加量逐渐增加，硬质自润滑熔覆层的层状剥落减少，表面粗糙度逐渐降低，磨屑构成的自润滑膜逐渐完整，表明 MoS$_2$ 具有良好的减阻效果。TM9 熔覆层磨损表面平整，自润滑膜完整，坑状剥落少，表明 TiC 和 MoS$_2$ 的复合引入具有显著的降摩减磨效果。

　　在 AlCoCrFeNi 熔覆层中同时引入 TiC 颗粒和 MoS$_2$ 固体润滑相，并非硬质相和润滑相减磨机理的简单叠加。与单独添加 MoS$_2$ 的自润滑熔覆层不同，高熵合金硬质自润滑熔覆层中的 MoS$_2$ 和 TiC 颗粒分解后发生耦合作用产生了新的复

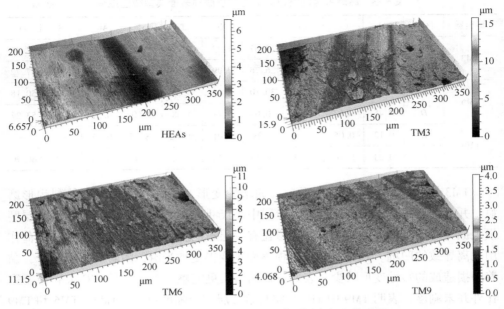

图 5-13　高熵合金硬质自润滑熔覆层磨损三维形貌

合自润滑相，该相为含有 Ti_2SC、Ti_2S、FeS、CrS、Mo_2S_3 等硫化物。区别于 $AlCoCrFeNi/MoS_2$ 熔覆层中球形的自润滑相，复合自润滑相以黑色板条的形态与 TiC 颗粒交错存在，并且具有高硬度的特点，具有钉扎强化作用。而板条状复合自润滑相在提升硬度的同时，更重要的是在磨损过程中形成了自润滑膜和氧化膜。

$AlCoCrFeNi+TiC/MoS_2$ 高熵合金硬质自润滑熔覆层中硬质相 TiC 和复合自润滑相提升熔覆层的机制如图 5-14 所示。在熔覆层的磨损初期，硬质相首先破碎剥离，形成磨屑在磨损面形成磨粒磨损，TiC 作为硬质相颗粒，可大幅提升熔覆层的硬度，Archard 定律表明材料硬度越高耐磨性越好，并且根据 AlCoCrFeNi/TiC 高熵合金复合熔覆层耐磨机制，TiC 颗粒具有的钉扎效应使位错的阻力增大，并且在磨损过程中具有分散摩擦载荷减少切削的作用。

随着磨损的进行，复合自润滑相磨损后构成的磨屑，在摩擦副的挤压作用下形成一层自润滑膜，减少了摩擦副与熔覆层的直接接触，降低了剪切应力对熔覆层的切削作用并降低摩擦系数，同时与空气中的 O_2 接触发生氧化，该阶段以黏着磨损和氧化磨损为主。随着磨损的不断进行，自润滑膜不断破损转移，新的自润滑膜不断产生，如此循环形成"自润滑"效应并达到降摩减磨效果。

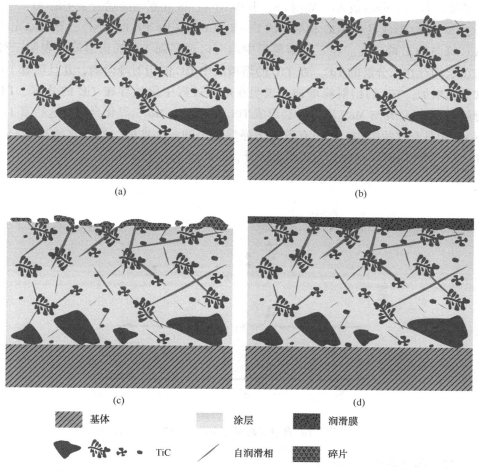

图 5-14　AlCoCrFeNi+TiC/MoS₂高熵合金硬质自润滑熔覆层磨损示意图

5.2　Ni@MoS₂+TiC/AlCoCrFeNi 熔覆层耐磨性能

5.2.1　熔覆层显微组织及成分分析

（1）熔覆层物相与截面形貌分析

图 5-15 是不同含量 TiC+12%（质量分数）Ni@ MoS₂/AlCoCrFeNi 熔覆层的 XRD 衍射图。从图中可以看出，在添加 TiC 与 Ni@ MoS₂后，熔覆层的物相发生显著变化，以 AlCoCrFeNi 为主的 BCC 相的衍射峰逐渐减弱。Ni@ MoS₂粉末在激

光的能量作用下分解成 Ni、Mo 和 S，其中 Ni 和 Mo 元素与高熵合金中的 Al、Fe、Cr、Co 和 Ni 形成具有 FCC 相结构的 Fe-Ni-Cr-Co-Mo 和（Fe，Ni），导致原先的 BCC 峰向 FCC 峰转变。在三种熔覆层中均可以观察到 TiC 的衍射峰，表明三种熔覆层均存在未分解的 TiC。在 T10 的熔覆层中 TiC 的衍射峰微弱，并且随着 TiC 含量的增加，TiC 的衍射峰增强，表明在熔覆过程中仍然存在 TiC 的分解。TiC 分解成 Ti 与 C 并与 MoS_2 团聚，会形成 TiS_2、Ti_2SC、Mo_2S_3 等化合物。这些富 Ti-S-Mo 相具有层状结构，可以有效地增强熔覆层的耐磨性能，然而这些富 Ti-S-Mo 化合物的衍射峰相近，无法明显区分，因此以 Ti-S-Mo 呈现。

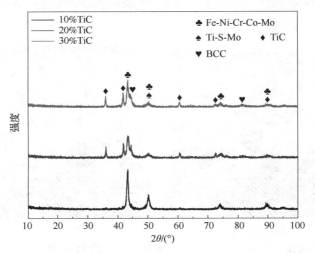

图 5-15　不同 TiC 含量下高熵合金自润滑熔覆层 XRD 图谱

（2）熔覆层截面分析

图 5-16 是不同含量 TiC+12%（质量分数）Ni@ MoS_2/AlCoCrFeNi 熔覆层的截面形貌图。从图中可以看出，不同 TiC 添加量下，熔覆层结合良好并未出现明显裂纹及孔洞，在熔覆层中存在黑色块状，结合 TiC 形貌分析，这些块状为未分解的 TiC 颗粒。对不同熔覆层中 TiC 颗粒进行统计，三种熔覆层中 TiC 的含量分别是 2.64%、4.5% 和 10.95%，均低于实际添加量，表明熔覆过程中存在 TiC 的分解。10%（质量分数）、20%（质量分数）和 30%（质量分数）的熔覆层厚度分别是 1327μm、1305μm 和 1264μm，相比于 60min 的熔覆层 [本章统一为 T0，0%（质量分数）TiC]1444μm 略有下降，这是由于 TiC 吸收部分的激光能量，减少基材的熔化，从而使熔覆层厚度减小。

图 5-17 是 30%（质量分数）TiC+12%（质量分数）Ni@ MoS_2/AlCoCrFeNi 熔覆

层的底部面扫图。可以看到，各元素在底部分布均匀，并未出现明显扩散现象，表明熔覆层结合良好，图中黑色块状物体在 Ti 和 C 处有明显富集，表明黑色块状物体确实是未熔化的 TiC。在图 5-17(c)、(d)熔覆层的上表面可以看到少量的 TiC 颗粒，这可能是由于 TiC 的密度为 4.93g/ml，低于高熵合金粉末的密度，在熔覆过程中容易出现上浮现象。

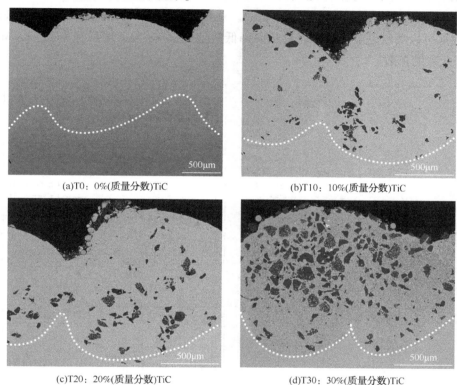

(a)T0：0%(质量分数)TiC

(b)T10：10%(质量分数)TiC

(c)T20：20%(质量分数)TiC

(d)T30：30%(质量分数)TiC

图 5-16　不同 TiC 含量下高熵合金自润滑熔覆层截面形貌

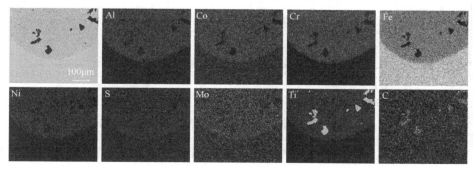

图 5-17　30%(质量分数)TiC 含量下高熵合金自润滑熔覆层底部元素面扫图

图 5-18 是不同含量 TiC+12%（质量分数）Ni@ MoS₂/AlCoCrFeNi 熔覆层的 EDS 线扫图。从图中可以看到，各元素在熔覆层分布均匀，Ti 元素的出现较大的波动，随着 TiC 含量的增加，波动逐渐变大。在部分区域，Ti 元素出现明显升高和降低现象，这是未熔化的 TiC 颗粒，随着 TiC 的含量的增加，熔覆层中陡增的现象增多。各元素与基体之间分别明显，三种熔覆层的过渡层分别是 52μm、63μm 和 65μm，均低于 60min 的 96μm。这是由于，TiC 的熔点在 3140℃，在熔池底部可以吸收更多的激光能量从而降低熔池底部 Fe 元素的稀释率及 Cr、Mo、S 等元素的扩散。

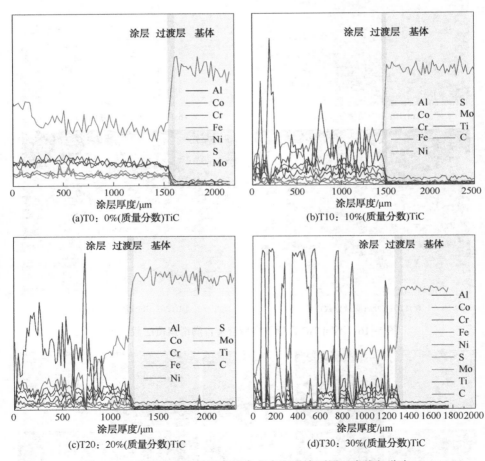

图 5-18 不同 TiC 含量下高熵合金自润滑熔覆层元素线扫分布

图 5-19 是不同含量 TiC+12%（质量分数）Ni@ MoS₂/AlCoCrFeNi 熔覆层的显微组织分布图。从图中可以看到，大尺寸的 TiC 颗粒出现分解现象，证明 TiC 颗

粒确实会出现分解，此外，熔覆层中未分解的 TiC 的粒径在 $70 \sim 100 \mu m$，表明大尺寸的 TiC 的分解量略小于小尺寸的 TiC。

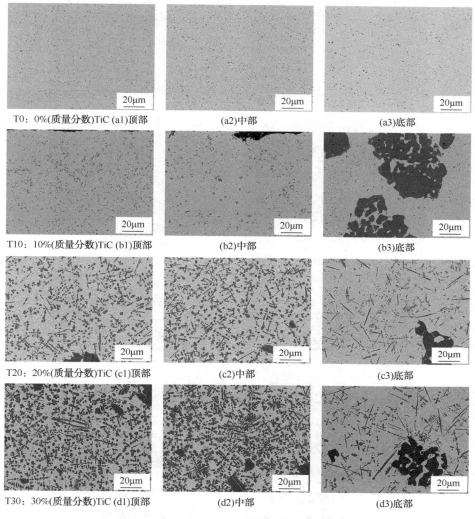

图 5-19　不同 TiC 含量下高熵合金自润滑熔覆层显微形貌

　　图 5-20 是不同含量 TiC+12% (质量分数) Ni@ MoS$_2$/AlCoCrFeNi 熔覆层的显微组织。在图 5-20 中除了大块的 TiC 外，三种熔覆层中均能看到形状不一的黑色相，并未发现类似 Ni@ MoS$_2$/AlCoCrFeNi 熔覆层中黑色圆形自润滑相，推测随着硬质相 TiC 引入，熔覆层中自润滑相的形态和成分也发生相应改变。结合图 5-19 分析，随着 TiC 的加入，熔覆层中的自润滑相形态也发生显著改变。

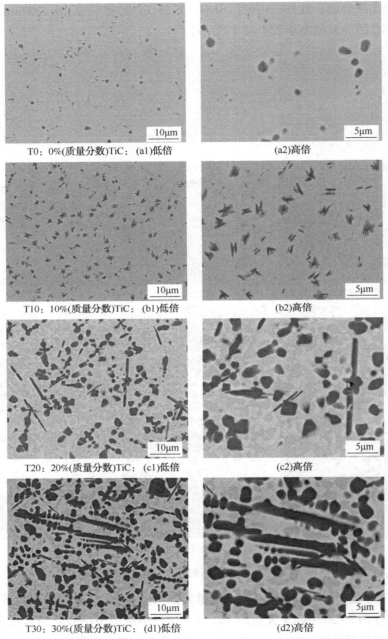

T0：0%(质量分数)TiC：(a1)低倍   (a2)高倍

T10：10%(质量分数)TiC：(b1)低倍   (b2)高倍

T20：20%(质量分数)TiC：(c1)低倍   (c2)高倍

T30：30%(质量分数)TiC：(d1)低倍   (d2)高倍

图5-20　不同TiC含量下高熵合金自润滑熔覆层自润滑相形貌

在0%(质量分数)TiC熔覆层中，自润滑相的主要形态是独立不规则圆形，10%(质量分数)TiC的熔覆层中自润滑相的形态主要是"蝴蝶"状，20%(质量分数)TiC 的熔覆层中自润滑相的形态主要是碎块状和板条状，30%（质量分数）TiC 的熔覆层中自润滑相的形态主要是碎块状、板条状和"鱼骨"状。此外随着 TiC 含量的增加，基体的颜色也出现不同，分为灰色状和白色状，对以上的不同形貌的自润滑相和基体进行成分分析结构，结果如表 5-4 所示。

表 5-4　不同区域 EDS 分析

组织形貌	Al	Co	Cr	Fe	Ni	S/Mo	Ti	C
灰色基体	11.5	11.93	7.66	18.35	32.13	0.63	0.03	17.76
白色基体	5.82	14.73	13.01	29.04	26.88	0.75	0	9.77
蝴蝶状	2.11	6.03	6.69	36.63	7.24	9.17	20.11	12.03
板条状	1.54	3.84	4.9	19.19	4.46	14.71	40.95	10.42
碎块状	1.47	3.61	5.55	6.78	4.63	1.09	55.9	20.96
鱼骨状	0.75	3.38	7.67	5.95	3.48	2.23	52.71	23.83

表 5-4 是不同区域 EDS 分析可以看出，碎块状和"鱼骨"状的元素基本只有 Ti 和 C 元素，因此碎块状和"鱼骨"状的物相是分解后重熔的硬质相 TiC。"蝴蝶"状和板条状的元素 Ti、C、S、Mo 元素明显高于其他区域，因此该相是富集 TiS、Ti_2SC、TiC、MoS_2 等化合物的富 TiC 和 MoS_2 相。随着 TiC 含量的增加，熔覆层中自润滑相与硬质相的形貌和形态均发生改变。根据成分过冷理论：

$$r^* = \frac{2\sigma_{SL}V_S T_m}{\Delta H_m \Delta T} \tag{5-1}$$

式中　r^*——临界形核半径；

　　　σ_{SL}——界面张力；

　　　V_S——晶核摩尔体积；

　　　T_m——各元素熔点；

　　　ΔH_m——混合焓；

　　　ΔT——过冷度。

自润滑相的晶粒尺寸主要取决于过冷度（ΔT），过冷度越大，晶粒形核半径越小。TiC 分解与 MoS_2 团聚，当 TiC 含量较低，晶粒的冷却速率较大，因此更容易形成小尺寸的自润滑相。随着 TiC 含量的增加，分解的 TiC 在保护气体及激光热源的冲击下，相互聚集，增强 Marangoni 对流，导致 TiC 的冷却速率降低，形成类似"鱼骨"状及板条状的硬质相和自润滑相。未能与 MoS_2 团聚的 TiC 在冷却气体的作用下，形成碎块状的硬质相。

重熔 TiC 附近的元素发生成分偏析，分别呈现灰色基体和白色基体。通过表 5-4 EDS 成分分析，发现灰色基体的 Al、Ni、C 元素明显高于白色体积，Fe、

Cr 元素明显低于白色体积。这是由于重熔的 TiC 会破坏熔覆层原有的冷却速率，导致熔覆层发生成分偏析。通过计算两种基体的摩尔混合熵，分别是 1.68R 和 1.8R 均大于高熵合金的分界线 1.61R，因此两种基体分别是以(Fe，Ni)为主的 FCC 相高熵合金和以(Fe，Cr)和(Al，Ni)为主的 BCC 相高熵合金，这与 XRD 衍射峰的结果符合。

图 5-21 是不同含量 TiC+12%(质量分数) Ni@ MoS$_2$/AlCoCrFeNi 熔覆层的自润滑相的元素分布图。从图中可以得到，硬质相在 Ti 和 C 处出现明显富集，而自润滑相在 S、Mo 和 Ti 处出现富集，进一步证明添加 TiC 的后熔覆层中自润滑相是 TiC 和 MoS$_2$ 的混合相，而硬质相仅是 TiC 分解后重熔。

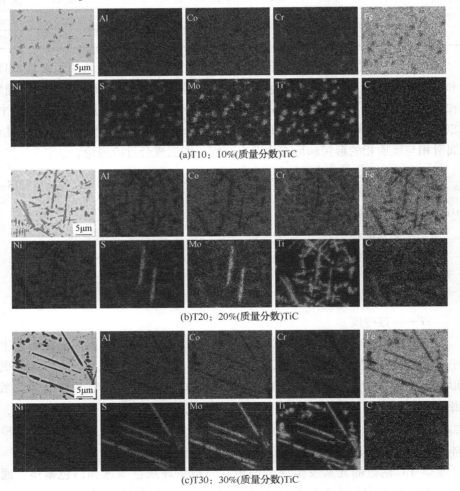

(a)T10：10%(质量分数)TiC

(b)T20：20%(质量分数)TiC

(c)T30：30%(质量分数)TiC

图 5-21　不同 TiC 含量下高熵合金自润滑熔覆层元素分布面扫图

图5-22是不同含量 TiC+12%(质量分数)Ni@ MoS₂/AlCoCrFeNi 熔覆层的自
润滑相元素分析。通过元素分析可以发现，在不添加 TiC 时，自润滑相以 S/Mo
元素为主，当添加 TiC 后自润滑相中 S/Mo 元素占 15at.%左右，随着 TiC 含量的
增加，自润滑相中 Ti 与 C 元素含量呈现升高现象，而三种熔覆层的 S/Mo 含量基
本保持不变。因此，可以确定自润滑相主要是由 Ti_2SC、TiS、MoS_2 共同组成的。
相比于 0%(质量分数)TiC 熔覆层中的富 MoS_2 相，这些富 $TiC-MoS_2$ 相具有类似
MoS_2 的层状结构，同时保持 Ti_2SC、TiS 陶瓷相的高硬度，在磨损过程中这种富
$TiC-MoS_2$ 相可以有效降低熔覆层的失重及摩擦磨损系数。

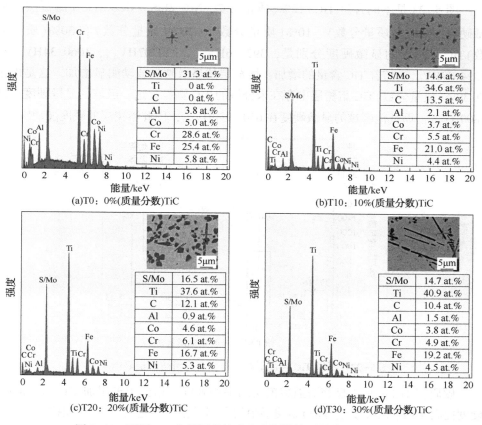

图5-22　不同 TiC 含量下高熵合金自润滑熔覆层自润滑相成分

随着 TiC 的增加，熔覆层中自润滑相的尺寸也出现相应变化，0%(质量分
数)、10%(质量分数)、20%(质量分数)和30%(质量分数)自润滑相的尺寸分别
是 3μm、3.5μm、8.2μm 和 16.4μm。基于第3章和第4章的分析可知，MoS_2 在
激光的高能量密度的条件下，会团聚呈圆形，圆形的最大粒径为 3μm，若大于该

粒径富 MoS_2 相更容易分解，且没有长大的趋势。四种熔覆层中 MoS_2 的含量是固定的，结合自润滑相元素分析，可以发现自润滑相的晶粒尺寸主要与 TiC 的含量有关，10%（质量分数）TiC 的富 $TiC-MoS_2$ 相没有足够的 TiC 支撑其长大，而随着 TiC 含量的增加，富 $TiC-MoS_2$ 相获得足够多的 TiC 得以长大。因此，富 $TiC-MoS_2$ 相的晶粒形貌由"蝴蝶"状向板条状转变。

5.2.2 熔覆层耐磨性能分析

（1）熔覆层显微硬度

图 5-23 是不同含量 TiC+12%（质量分数）Ni@ MoS_2 ∕AlCoCrFeNi 熔覆层的显微硬度图。0%（质量分数）、10%（质量分数）、20%（质量分数）和 30%（质量分数）TiC 熔覆层的显微硬度分别是，$392.16HV_{0.3}$、$930.07HV_{0.3}$、$1060.34HV_{0.3}$ 和 $1314.39HV_{0.3}$。随着 TiC 含量的增加，熔覆层的显微硬度波动明显增加，这是由于在 30%（质量分数）TiC 熔覆层中存在未分解的 TiC 颗粒，这一区域的显微硬度达到 $1800HV_{0.3}$，而其他区域的显微硬度在 $650\sim950HV_{0.3}$，因此熔覆层的硬度波动较大。

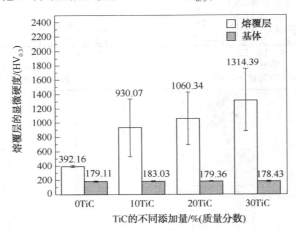

图 5-23   不同 TiC 含量下高熵合金自润滑熔覆层显微硬度

硬质相 TiC 的加入显著增强熔覆层的平均硬度，相比于未添加 TiC 的熔覆层，硬度提高 4 倍。0%（质量分数）熔覆层中的自润滑相主要是由富 MoS_2 相构成的，而 TiC 熔覆层的润滑相主要是由富 $TiC-MoS_2$ 相组成。MoS_2 作为一种典型的固体润滑剂，具有层状结构且硬度较低，以溶质的形式存在于熔覆层中，会降低熔覆层的显微硬度。因此，由于富 MoS_2 相的存在，0%（质量分数）熔覆层的显微硬度均低于 $400HV_{0.3}$，在磨损过程中容易发生严重的塑性变形。加入 TiC 后，富 MoS_2 相转变为富 $TiC-MoS_2$ 相，提高熔覆层的硬度。此外，在三种熔覆层还存在一种分解后重熔的硬质相，这些硬质相的硬度低于原始 TiC 颗粒，但是对熔覆层具有更明显的第二相强化效果。基于以上两方面的原因，熔覆层的显微硬度发生显著提高。

（2）熔覆层耐磨性能

图 5-24 为不同含量 TiC+12%（质量分数）Ni@ MoS$_2$/AlCoCrFeNi 熔覆层的磨损失重。不同 0%（质量分数）、10%（质量分数）、20%（质量分数）和 30%（质量分数）TiC 熔覆层的磨损失重分别是，24.13mg、11.6mg、8.23mg 和 3.1mg。添加 30%（质量分数）TiC 的熔覆层，相比于未添加 TiC 的熔覆层，磨损失重降低 87% 以上，硬质相的加入使得熔覆层的耐磨性能大幅度提高。图 5-24 是不同含量 TiC+12%（质量分数）Ni@ MoS$_2$/AlCoCrFeNi 熔覆层的摩擦磨损曲线。三种熔覆层的平均摩擦磨损系数分别是 0.36、0.33 和 0.28，与 0%（质量分数）TiC 熔覆层（0.39）相比，均有所降低。影响熔覆层摩擦磨损系数的主要因素是临界剪切应力和金属硬度。三种熔覆层中加入 Ni@ MoS$_2$ 的含量是一样，制备工艺相同，因此熔覆层的硬度是影响摩擦系数曲线大小的主要因素，加入 TiC 后熔覆层的硬度大幅度提高，因此平均摩擦磨损系数出现下降。

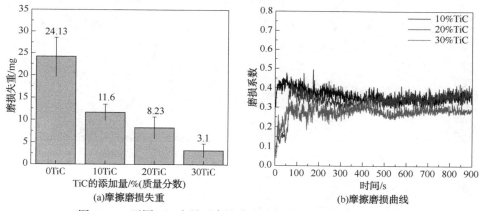

(a)摩擦磨损失重　　　　　(b)摩擦磨损曲线

图 5-24　不同 TiC 含量下高熵合金自润滑熔覆层摩擦磨损性能

从图 5-24 可以看到在磨损前 50s 出现一个陡增的阶段，这是磨损过程中的磨合阶段，随后磨损趋于平稳，达到稳定磨损阶段。在稳定磨损阶段中，可以看到部分位置出现快速上升的现象，以及摩擦系数波动过大。这是由于，三种熔覆层除了富 TiC-MoS$_2$ 相外，还有相当一部分的硬质相 TiC，磨损过程中，这些硬质相会随熔覆层一起脱落，造成磨损过程中的上下振动。此外，熔覆层硬度的提高也是影响摩擦系数曲线波动的主要原因。

（3）熔覆层磨损形貌

图 5-25 为不同含量 TiC+12%（质量分数）Ni@ MoS$_2$/AlCoCrFeNi 熔覆层磨损

表面的形貌。从图中可以看到，随着 TiC 含量的增加，熔覆层的磨损形貌发生显著改变，30%（质量分数）TiC 磨损表面最为平整，10%（质量分数）TiC 和 20%（质量分数）TiC 磨损表面存在相应的剥落坑。这是由于熔覆层中 TiC 的含量较少，形成的硬质相较少，从而导致熔覆层表面的硬度分布不均匀。在往复磨损运动的过程中，部分硬质相脱落，对磨损表面硬度较低的区域形成应力集中，导致凹坑的产生。三种熔覆层的磨损表面均存在磨粒磨损典型的特征犁沟，犁沟的宽度随着 TiC 含量的增加逐渐缩窄，在 30%（质量分数）TiC 的磨损表面犁沟基本消失。这是由于在 30%（质量分数）TiC 的熔覆层硬度最高，磨屑无法破坏其表面。

随着 TiC 含量的增加，熔覆层表面并未出现粘连的磨屑，这是由于熔覆层表面硬度增加，使得磨屑更难附着在熔覆层表面。此外，熔覆层中的自润滑相由原先的富 MoS_2 相转变为富 $TiC-MoS_2$ 相，更难发生黏着磨损。综上所述，在加入硬质相 TiC 后，熔覆层的磨损机制以磨粒磨损为主。

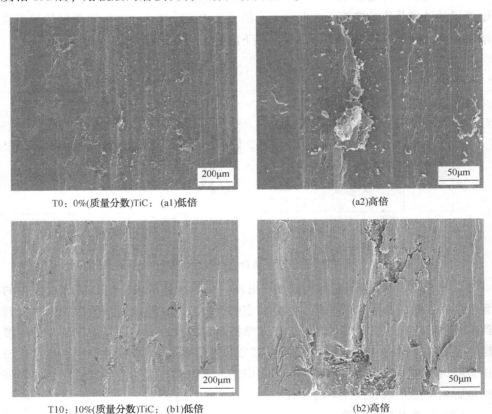

T0：0%(质量分数)TiC：(a1)低倍　　　　　　　　(a2)高倍

T10：10%(质量分数)TiC：(b1)低倍　　　　　　　　(b2)高倍

图 5-25　不同 TiC 含量下高熵合金自润滑熔覆层摩擦磨损表面形貌

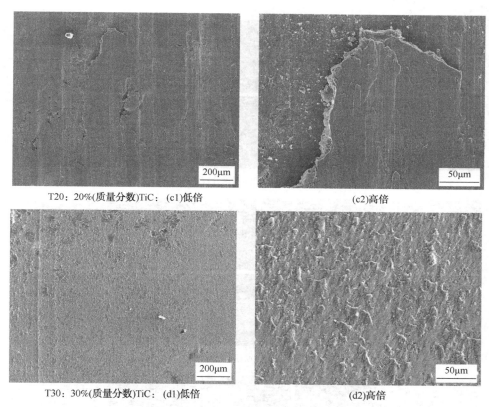

T20：20%(质量分数)TiC： (c1)低倍 (c2)高倍

T30：30%(质量分数)TiC： (d1)低倍 (d2)高倍

图 5-25 不同 TiC 含量下高熵合金自润滑熔覆层摩擦磨损表面形貌(续)

图 5-26 为不同含量 TiC+12%(质量分数) Ni@ MoS$_2$/AlCoCrFeNi 熔覆层磨损表面的元素分布图。可以看到，在 10%(质量分数)TiC 磨损表面的凹坑处富集大量的 Ti 和 C 元素，表明磨损过程中硬质相在该区域进行相对滑动，硬质相残留在凹坑处。从图 5-26 可以看到，随着 TiC 含量的增加，S/Mo、Ti 和 C 等区域的元素富集更加明显，且分布变得均匀，表明随着磨损的进行硬质相和自润滑相共同形成润滑膜，提高熔覆层的耐磨性能。此外，三种熔覆层可以观察到不同程度 O 元素的富集，表明磨损过程中除了发生磨粒磨损，还存在一定程度的氧化磨损。

图 5-27 为不同含量 TiC+12%(质量分数) Ni@ MoS$_2$/AlCoCrFeNi 熔覆层的磨损截面形貌。从图 5-27 中可以看到，在磨损过程中未熔化的 TiC 并未出现大面积的脱落，而是以一种层状分离的现象逐渐脱落，表明未分解的 TiC 与高熵合金熔覆层结合良好。大颗粒的 TiC 在激光的高能量密度下，内部出现溶解，避免由于过高脆性导致的疲劳磨损，因此在正向载荷压应力与摩擦副的切应力作用下，TiC 颗粒出现层状剥离。

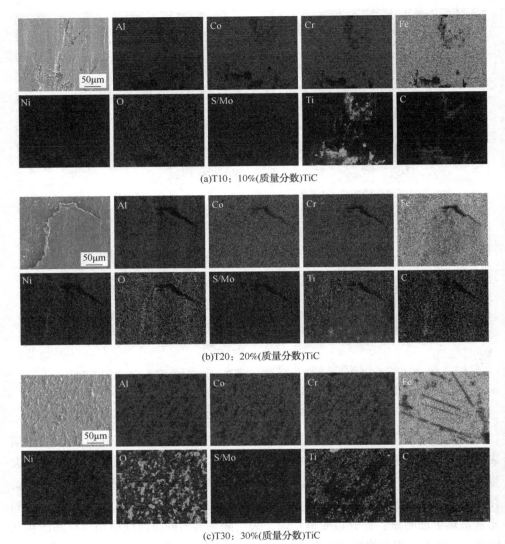

(a)T10：10%(质量分数)TiC

(b)T20：20%(质量分数)TiC

(c)T30：30%(质量分数)TiC

图 5-26　不同 TiC 含量下高熵合金自润滑熔覆层摩擦磨损表面形貌元素分布

　　从图 5-27 中可以看出，随着 TiC 含量的增加，磨损截面逐渐趋于平整。在 0%(质量分数)和 10%(质量分数)的磨损截面处，可以看到较深的沟壑。这是由于熔覆层的硬度不高，在磨损过程中产生的磨屑无法及时排出，随着摩擦副的往复运动，导致熔覆层出现较深的沟壑。在 TiC 含量较高的熔覆层中，由于硬质相和较高硬度的自润滑相，导致熔覆层硬度上升，磨屑无法对其表面造成破坏。从图 5-27 可以得出，在磨损过程中除了有自润滑相形成的润滑膜外，也存在被空气中 O 元素氧化的氧化膜。随着磨损过程中产生的过量的热，氧化膜与润滑膜逐渐结合，形成新的自润滑膜，降低磨损过程中的剪切应力。综上所述，在硬质相与自润滑膜的共同作用下，熔覆层的耐磨性能得到提高。

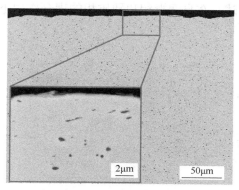
(a)T0：0%(质量分数)TiC

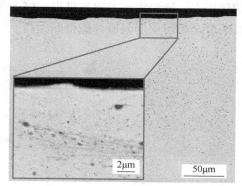
(b)T10：10%(质量分数)TiC

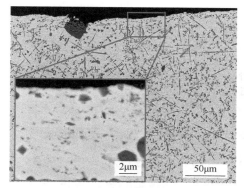
(c)T20：20%(质量分数)TiC

(d)T30：30%(质量分数)TiC

图 5-27　不同 TiC 含量下高熵合金自润滑熔覆层摩擦磨损截面形貌

（4）熔覆层减磨机理

图 5-28 是 TiC 增强高熵合金自润滑熔覆层减磨机理图。磨损的开始阶段，在载荷的作用下，熔覆层被摩擦副破坏，开始出现犁沟、划伤和少量磨屑。随着磨损的进行，熔覆层中的硬质相和润滑相开始暴露在表面。暴露在表面的 TiC 硬度大于磨屑，磨屑在正向的压应力的作用下，被进一步粉碎。同时，重熔的硬质相对熔覆层具有钉扎效应，使熔覆层具有良好的韧性和强度，提高熔覆层的抗分层性、抗剥落和抗塑性。

随着磨损时间的延长，未分解的 TiC 开始出现裂纹并逐渐破碎，由于 TiC 脆性较高，形成的磨屑呈现小碎块。同时空气中的 O 元素对熔覆层具有氧化作用，会在熔覆层表面形成一层氧化膜。暴露在外侧的自润滑相，随着磨损的进行被拖拽到熔覆层表面，形成一层润滑膜。在摩擦副的挤压下，自润滑相形成的润滑膜和氧化膜相互结合，形成完整的自润滑膜。磨损过程中产生的碎屑，在自润滑膜的作用下，随着滑动方向被排出。综上所述，在自润滑相和硬质相的耦合作用下高熵合金熔覆层的耐磨性能得到提高。

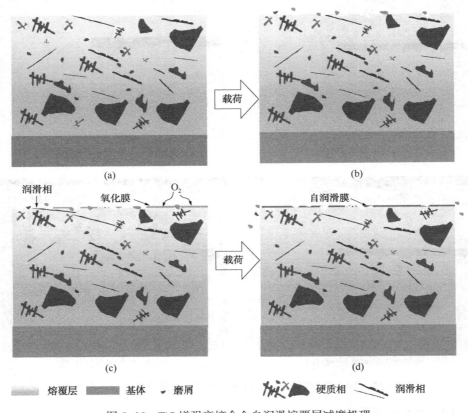

图 5-28　TiC 增强高熵合金自润滑熔覆层减磨机理

参 考 文 献

［1］ Greer A L. Confusion by design［J］. Nature，1993，366（6453）：303-304.

［2］ Cantor B，Chang I T H，Knight P，et al. Microstructural development in equiatomic multi-component alloys［J］. Materials Science and Engineering：A，2004，375-377：213-218.

［3］ Arif Z U，Khalid M Y，Rehman E U，et al. A review on laser cladding of high-entropy alloys，their recent trends and potential applications［J］. Journal of manufacturing processes，2021，68：225-273.

［4］ Kumar D. Recent advances in tribology of high entropy alloys：A critical review［J］. Progress in materials science，2023，136.

［5］ Zhang Y. Science and technology in high-entropy alloys［M］. 2017.

［6］ 夏铭. 激光成形 NbMoTaWZr 难熔高熵合金组织及性能研究［D］. 北京：中国矿业大学，2023.

［7］ 徐龙. AlCoCrFeNi 高熵合金自润滑激光熔覆层的制备与性能研究［D］. 西安：西安石油大学，2023.

［8］ Ye X Y，Ma M X，Cao Y X，et al. The Property Research on High-entropy Alloy Al_xFeCoNi-CuCr Coating by Laser Cladding［J］. Physics Procedia，2011，12：303-312.

［9］ Tsai K Y，Tsai M H，Yeh J W. Sluggish diffusion in Co-Cr-Fe-Mn-Ni high-entropy alloys［J］. Acta Materialia，2013，61（13）：4887-4897.

［10］ Paul A. Comments on "Sluggish diffusion in Co-Cr-Fe-Mn-Ni high-entropy alloys"［J］. Scripta Materialia，2017，135：153-157.

［11］ Zou Y，Maiti S，Steurer W，et al. Size-dependent plasticity in an $Nb_{25}Mo_{25}Ta_{25}W_{25}$ refractory high-entropy alloy［J］. Acta Materialia，2014，65：85-97.

［12］ Borges P，Ritchie R，Asta M. Local lattice distortions and the structural instabilities in bcc Nb-Ta-Ti-Hf high-entropy alloys：An ab initio computational study［J］. Acta Materialia，2024，262：119415.

［13］ Toda-Caraballo I，Rivera-Díaz-Del-Castillo P E J. A criterion for the formation of high entropy alloys based on lattice distortion［J］. Intermetallics，2016，71：76-87.

［14］ Ranganathan S. Alloyed pleasures：Multimetallic cocktails［J］. Current Science，2003，85：1404-1406.

［15］ Guo Y F，Zhu J，Cao J，et al. Pitting corrosion mechanism of BCC+FCC dual-phase structured laser cladding $FeCoCrNiAl_{0.5}Ti_{0.5}$ HEAs coating［J］. Journal of Alloys and Compounds，2024，980：173643.

［16］ Hou J X，Shi X H，Qiao J W，et al. Ultrafine-grained dual phase $Al_{0.45}$CoCrFeNi high-entropy alloys［J］. Materials & Design，2019，180：107910.

［17］ Xu H Q, Zhang M D, Zhang G M, et al. Microstructure and mechanical property of Al,Ti Co-adding L21–strengthened NiCrFe–based HEAs［J］. Materials Characterization, 2024, 207: 113516.

［18］ Gorr B, Müller F, Azim M, et al. High–Temperature Oxidation Behavior of Refractory High-Entropy Alloys: Effect of Alloy Composition ［J］. Oxidation of Metals, 2017, 88 (3): 339–349.

［19］ Gorr B, Azim M, Christ H J, et al. Phase equilibria, microstructure, and high temperature oxidation resistance of novel refractory high–entropy alloys［J］. Journal of Alloys and Compounds, 2015, 624: 270–278.

［20］ King D J M, Cheung S T Y, Humphry–Baker S A, et al. High temperature, low neutron cross–section high–entropy alloys in the Nb–Ti–V–Zr system［J］. Acta Materialia, 2019, 166: 435–446.

［21］ Gong G, Ye J, Chi Y, et al. Research status of laser additive manufacturing for metal: a review［J］. Journal of Materials Research and Technology, 2021, 15: 855–884.

［22］ Kishore Reddy C, Gopi Krishna M, Srikant P. Brief Evolution Story and some Basic Limitations of High Entropy Alloys (HEAs) – A Review［J］. Materials Today: Proceedings, 2019, 18: 436–439.

［23］ Chen C, Pang S, Cheng Y, et al. Microstructure and mechanical properties of $Al_{20-x}Cr_{20+0.5x}Fe_{20}Co_{20}Ni_{20+0.5x}$ high entropy alloys ［J］. Journal of Alloys and Compounds, 2016, 659: 279–287.

［24］ Dastanpour E, Huang S, Dong Z, et al. Investigation of the metastable spinodally decomposed magnetic CrFe–rich phase in Al doped CrFeCoNi alloy［J］. Journal of Alloys and Compounds, 2023, 939: 168794.

［25］ V B, M A X. Development of high entropy alloys (HEAs): Current trends［J］. Heliyon, 2024: e26464.

［26］ Wang C, Qin M, Lei T, et al. Compositional inhomogeneity and its effect on the hardness of nanostructured refractory high – entropy alloys ［J］. Materials Characterization, 2024, 207: 113563.

［27］ Bloomfield M E, Christofidou K A, Mignanelli P M, et al. Phase stability of the Al_xCrFeCoNi alloy system［J］. Journal of Alloys and Compounds, 2022, 926: 166734.

［28］ Zhang P, Li Z W, Liu H M, et al. Recent progress on the microstructure and properties of high entropy alloy coatings prepared by laser processing technology: A review［J］. Journal of manufacturing processes, 2022, 76: 397–411.

［29］ Cui Y, Shen J, Manladan S M, et al. Strengthening mechanism in two–phase FeCoCrNiMnAl high entropy alloy coating［J］. Applied Surface Science, 2020, 530: 147205.

［30］ Das S, Robi P S. A novel refractory WMoVCrTa high–entropy alloy possessing fine combination of compressive stress-strain and high hardness properties[J]. Advanced Powder Technology, 2020, 31(12): 4619-4631.

[31] Shivam V, Shadangi Y, Basu J, et al. Evolution of phases, hardness and magnetic properties of AlCoCrFeNi high entropy alloy processed by mechanical alloying[J]. Journal of Alloys and Compounds, 2020, 832: 154826.

[32] Qin Y, Wang Y, Guan S, et al. High-pressure preparation of high-hardness CoCrFeNiMo$_{0.4}$ high-entropy alloy[J]. International Journal of Refractory Metals and Hard Materials, 2022, 102: 105718.

[33] Jing Y, Cui X, Jin G, et al. A new proposed parameter related with atomic size effect for predicting hardness of HEA coatings[J]. Journal of Alloys and Compounds, 2021, 856: 128-158.

[34] Moazzen P, Toroghinejad M R, Zargar T, et al. Investigation of hardness, wear and magnetic properties of NiCoCrFeZr$_x$ HEA prepared through mechanical alloying and spark plasma sintering [J]. Journal of Alloys and Compounds, 2022, 892: 161924.

[35] 高玉龙，马国梁，高晓华，等. 激光熔覆 CoCrNiMnTi$_x$高熵合金涂层组织及耐磨性能研究 [J]. 表面技术, 2022, 51(9): 351-358+370.

[36] Wu M, Chen K, Xu Z, et al. Effect of Ti addition on the sliding wear behavior of AlCrFeCoNi high-entropy alloy[J]. Wear, 2020, 462-463: 203493.

[37] Bian H, Qi P, Xie G, et al. HEA-NiFeCuCoCe/NF through ultra-fast electrochemical self-reconstruction with high catalytic activity and corrosion resistance for seawater electrolysis[J]. Chemical Engineering Journal, 2023, 477: 147286.

[38] Feng H, Li H-B, Dai J, et al. Why CoCrFeMnNi HEA could not passivate in chloride solution? - A novel strategy to significantly improve corrosion resistance of CoCrFeMnNi HEA by N-alloying[J]. Corrosion Science, 2022, 204: 110396.

[39] Wang Y, Fan P, Chen R, et al. The influence of chlorides on corrosion behavior of carbon steel in slag-based geopolymer pore solution[J]. Journal of Building Engineering, 2024, 85: 108702.

[40] Chai W, Lu T, Pan Y. Corrosion behaviors of FeCoNiCr$_x$(x = 0, 0.5, 1.0) multi-principal element alloys: Role of Cr-induced segregation[J]. Intermetallics, 2020, 116: 106-114.

[41] Fu Y, Li J, Luo H, et al. Recent advances on environmental corrosion behavior and mechanism of high-entropy alloys[J]. Journal of Materials Science & Technology, 2021, 80: 217-233.

[42] Yang J, Wu J, Zhang C Y, et al. Effects of Mn on the electrochemical corrosion and passivation behavior of CoFeNiMnCr high-entropy alloy system in H$_2$SO$_4$ solution[J]. Journal of Alloys and Compounds, 2020, 819: 152143.

[43] Aliyu A, Srivastava C. Microstructure-corrosion property correlation in electrodeposited AlCrFe-CoNiCu high entropy alloys-graphene oxide composite coatings[J]. Thin Solid Films, 2019,

686：137434.

[44] Aliyu A, Srivastava C. Microstructure and corrosion properties of MnCrFeCoNi high entropy alloy-graphene oxide composite coatings[J]. Materialia, 2019, 5：100249.

[45] Zemanate A M, Jorge Júnior A M, Andreani G F D L, et al. Corrosion behavior of AlCoCrFeNi$_x$ high entropy alloys[J]. Electrochimica Acta, 2023, 441：141844.

[46] Song Y, Yan L, Pang X, et al. Effects of co-alloying Al and Cu on the corrosion behavior and mechanical properties of nanocrystalline FeCrNiCo high entropy alloys[J]. Corrosion Science, 2023, 213：110983.

[47] Döleker K M, Özgürlük Y, Gokcekaya O, et al. High-temperature corrosion and oxidation properties of borided CoCrFeNiAl$_{0.5}$Nb$_{0.5}$ HEA[J]. Surface and Coatings Technology, 2023, 470：129856.

[48] 梁卉. 激光熔覆制备 AlCrFeNiW-(Cu,Nb,Ti)高熵合金涂层组织及性能研究[D]. 大连：大连理工大学, 2021.

[49] 高绪杰, 郭娜娜, 朱光明, 等. 激光熔覆制备高熵合金涂层的研究进展[J]. 表面技术, 2019, 48(6)：107-117.

[50] Liu Y, Ding Y, Yang L, et al. Research and progress of laser cladding on engineering alloys：A review[J]. Journal of Manufacturing Processes, 2021, 66：341-363.

[51] 崔妍. FeCoCrNiMnAl 系高熵化激光熔覆层组织与性能演变机理[D]. 天津：天津大学, 2021.

[52] 郭亚雄, 尚晓娟, 刘其斌. 激光原位合成 MC 增强 AlCrFeNb$_3$MoTiW 高熔点高熵合金基复合涂层的高温组织演变[J]. 稀有金属, 2018, 42(8)：807-813.

[53] 许诠, 黄燕滨, 刘谦, 等. 激光熔覆法制备(CoCrFeNi)$_{(95)}$Nb$_5$高熵合金涂层的表征与耐蚀性研究[J]. 电镀与涂饰, 2019, 38(11)：536-541.

[54] 王昕阳, 黄燕滨, 刘谦, 等. 激光熔覆工艺参数对高熵合金涂层性能的影响及其优化[J]. 电镀与涂饰, 2021, 40(6)：414-420.

[55] Xiang D D, Liu Y, Yu T, et al. Review on wear resistance of laser cladding high-entropy alloy coatings[J]. Journal of Materials Research and Technology, 2024, 28：911-934.

[56] 史亚盟, 李景彬, 张杰, 等. 工艺参数对 65Mn 基熔覆 Ni60a/SiC 涂层的微观组织与耐磨性能影响[J]. 机械工程学报, 2022, 58(16)：197-205.

[57] 赵稳利, 张亮, 李晓君, 等. 激光功率对 316L 不锈钢熔覆层组织及性能的影响[J]. 河北科技大学学报, 2024, 45(1)：74-81.

[58] Zhang S Q, Dong H, Han Y, et al. Coupling Effect of Disconnected Pores and Grain Morphology on the Corrosion Tolerance of Laser-Clad 316L Coating[J]. Coatings, 2024, 14(1).

[59] Meghwal A, Anupam A, Murty B S, et al. Thermal Spray High-Entropy Alloy Coatings：A Review[J]. Journal of Thermal Spray Technology, 2020, 29(5)：857-893.

[60] 李赞, 张长胜, 马涛, 等. 基于 CGSOA-BPNN 优化 AlCoCrNiFe 高熵合金涂层等离子喷

涂工艺参数[J]. 表面技术, 2022, 51(1): 311-324.

[61] Johansson K, Riekehr L, Fritze S, et al. Multicomponent Hf-Nb-Ti-V-Zr nitride coatings by reactive magnetron sputter deposition[J]. Surface and Coatings Technology, 2018, 349: 529-539.

[62] Ren B, Shen Z, Liu Z. Structure and mechanical properties of multi-element(AlCrMnMoNiZr) N_x coatings by reactive magnetron sputtering[J]. Journal of Alloys and Compounds, 2013, 560: 171-176.

[63] Soare V, Burada M, Constantin I, et al. Electrochemical deposition and microstructural characterization of AlCrFeMnNi and AlCrCuFeMnNi high entropy alloy thin films[J]. Applied Surface Science, 2015, 358: 533-539.

[64] Cai Z, Wang Y, Cui X, et al. Design and microstructure characterization of FeCoNiAlCu high-entropy alloy coating by plasma cladding: In comparison with thermodynamic calculation [J]. Surface and Coatings Technology, 2017, 330: 163-169.

[65] Zhang G J, Tian Q W, Yin K X, et al. Effect of Fe on microstructure and properties of AlCoCrFe$_x$Ni (x = 1.5, 2.5) high entropy alloy coatings prepared by laser cladding[J]. Intermetallics, 2020, 119: 106-172.

[66] Qiu X W, Liu C G. Microstructure and properties of Al$_2$CrFeCoCuTiNi$_x$ high-entropy alloys prepared by laser cladding[J]. Journal of Alloys and Compounds, 2013, 553: 216-220.

[67] Gu Z, Xi S Q, Mao P, et al. Microstructure and wear behavior of mechanically alloyed powder Al$_x$Mo$_{0.5}$NbFeTiMn$_2$ high entropy alloy coating formed by laser cladding[J]. Surface and Coatings Technology, 2020, 401: 126244.

[68] Gu Z, Xi S Q, Sun C F. Microstructure and properties of laser cladding and CoCr$_{2.5}$FeNi$_2$Ti$_x$ high-entropy alloy composite coatings[J]. Journal of Alloys and Compounds, 2020, 819: 152986.

[69] Fu Y, Huang C, Du C, et al. Evolution in microstructure, wear, corrosion, and tribo-corrosion behavior of Mo-containing high-entropy alloy coatings fabricated by laser cladding[J]. Corrosion Science, 2021, 191: 109127.

[70] Lin D, Zhang N, He B, et al. Structural Evolution and Performance Changes in FeCoCrNiAlNb$_x$ High-Entropy Alloy Coatings Cladded by Laser[J]. Journal of Thermal Spray Technology, 2017, 26(8): 2005-2012.

[71] Liu H, Sun S F, Zhang T, et al. Effect of Si addition on microstructure and wear behavior of AlCoCrFeNi high-entropy alloy coatings prepared by laser cladding[J]. Surface and Coatings Technology, 2021, 405: 126-152.

[72] Rogal Ł, Kalita D, Tarasek A, et al. Effect of SiC nano-particles on microstructure and mechanical properties of the CoCrFeMnNi high entropy alloy[J]. Journal of Alloys and Compounds, 2017, 708: 344-352.

［73］ Cai Y, Zhu L, Cui Y, et al. Fracture and wear mechanisms of FeMnCrNiCo+x(TiC)composite high-entropy alloy cladding layers［J］. Applied Surface Science, 2021, 543：148794.

［74］ 周勇, 康凯祥, 董会, 等. TiC 增强高熵合金复合涂层的显微组织与摩擦磨损性能［J］. 材料热处理学报, 2022, 43(3)：128-133.

［75］ Sun D, Cai Y, Zhu L, et al. High-temperature oxidation and wear properties of TiC-reinforced CrMnFeCoNi high entropy alloy composite coatings produced by laser cladding［J］. Surface and Coatings Technology, 2022, 438：128407.

［76］ 李大艳, 姜慧, 邹龙江, 等. WC 含量对激光熔覆 AlCoCrFeNiNb$_{(0.75)}$ 高熵合金涂层的组织与性能的影响［J］. 热加工工艺, 2019, 48(10)：117-121+126.

［77］ 种振曾, 孙耀宁, 程旺军, 等. 纳米 WC 对 AlCoCrFeNi 高熵合金涂层耐磨与耐蚀性能的影响［J］. 材料导报, 2022, 36(14)：56-61.

［78］ Peng Y B, Zhang W, Li T C, et al. Microstructures and mechanical properties of FeCoCrNi high entropy alloy/WC reinforcing particles composite coatings prepared by laser cladding and plasma cladding［J］. International Journal of Refractory Metals and Hard Materials, 2019, 84：105044.

［79］ Ma Q, Lu B, Zhang Y, et al. Crack-free 60wt. % WC reinforced FeCoNiCr high-entropy alloy composite coating fabricated by laser cladding［J］. Materials Letters, 2022, 324：132667.

［80］ Li X, Feng Y, Liu B, et al. Influence of NbC particles on microstructure and mechanical properties of AlCoCrFeNi high-entropy alloy coatings prepared by laser cladding［J］. Journal of Alloys and Compounds, 2019, 788：485-494.

［81］ Li X, Yang X, Yi D, et al. Effects of NbC content on microstructural evolution and mechanical properties of laser cladded Fe$_{50}$Mn$_{30}$Co$_{10}$Cr$_{10}$NbC composite coatings［J］. Intermetallics, 2021, 138：107309.

［82］ Sun D, Zhu L, Cai Y, et al. Tribology comparison of laser-cladded CrMnFeCoNi coatings reinforced by three types of ceramic(TiC/NbC/B4C)［J］. Surface and Coatings Technology, 2022, 450：129013.

［83］ Jiang P F, Zhang C H, Zhang S, et al. Fabrication and wear behavior of TiC reinforced FeCoCrAlCu-based high entropy alloy coatings by laser surface alloying［J］. Materials Chemistry and Physics, 2020, 255：123-157.

［84］ Zhang Y, Han T, Xiao M, et al. Preparation of Diamond Reinforced NiCoCrTi$_{0.5}$Nb$_{0.5}$ High-Entropy Alloy Coating by Laser Cladding：Microstructure and Wear Behavior［J］. Journal of Thermal Spray Technology, 2020, 29(7)：1827-1837.

［85］ Bu F, Li C G, Shen C, et al. Microstructures and Wear Resistance of Diamond-Reinforced FeCoCrNiAl$_{0.5}$Ti$_{0.5}$Si$_{0.2}$-Carbonized High-Entropy Alloy Coatings by Laser Cladding［J］. Transactions of the Indian Institute of Metals, 2022, 75(8)：67-78.

［86］ Liang G, Jin G, Cui X, et al. Synthesis and Characterization of Directional Array TiN-

Reinforced AlCoCrCuNiTi High − Entropy Alloy Coating by Magnetic − Field − Assisted Laser Cladding[J]. Journal of Materials Engineering and Performance, 2021, 30(5)：68−76.

[87] Li Y, Wang K, Fu H, et al. Microstructure and wear resistance of in−situ TiC reinforced AlCoCrFeNi−based coatings by laser cladding[J]. Applied Surface Science, 2022, 585：152703.

[88] Liu H, Liu J, Chen P, et al. Microstructure and high temperature wear behaviour of in−situ TiC reinforced AlCoCrFeNi−based high−entropy alloy composite coatings fabricated by laser cladding[J]. Optics & Laser Technology, 2019, 118：140−150.

[89] Lian G, Zeng J, Chen C, et al. Performance and efficiency control method of in−situ TiC generated by laser cladding[J]. Optik, 2022, 262：169331.

[90] Yu K, Zhao W, Li Z, et al. High−temperature oxidation behavior and corrosion resistance of in−situ TiC and Mo reinforced AlCoCrFeNi−based high entropy alloy coatings by laser cladding [J]. Ceramics International, 2023, 49(6)：10151−10164.

[91] Guo Y J, Li C G, Zeng M, et al. In−situ TiC reinforced CoCrCuFeNiSi$_{0.2}$ high−entropy alloy coatings designed for enhanced wear performance by laser cladding[J]. Materials Chemistry and Physics, 2020, 242：122522.

[92] Zhao W, Yu K D, Ma Q, et al. Synergistic effects of Mo and in−situ TiC on the microstructure and wear resistance of AlCoCrFeNi high entropy alloy fabricated by laser cladding[J]. Tribology International, 2023, 188：108827.

[93] Zhao J, Gao T, Li Y, et al. Two−dimensional(2D)graphene nanosheets as advanced lubricant additives：A critical review and prospect[J]. Materials Today Communications, 2021, 29：102755.

[94] Chouhan A, Mungse H P, Khatri O P. Surface chemistry of graphene and graphene oxide：A versatile route for their dispersion and tribological applications[J]. Advances in Colloid and Interface Science, 2020, 283：102215.

[95] Qu C C, Li J, Juan Y F, et al. Effects of the content of MoS$_2$ on microstructural evolution and wear behaviors of the laser−clad coatings[J]. Surface and Coatings Technology, 2019, 357：811−821.

[96] 王权, 刘秀波, 刘庆帅, 等. 45#钢激光熔覆 Ni60/Cu 自润滑复合涂层组织演变及摩擦学性能[J]. 中国表面工程, 2022, 35(6)：232−243+256.

[97] Mishra D, Maurya R, Verma V, et al. Understanding the influence of graphene − based lubricant/coating during fretting wear of zircaloy[J]. Wear, 2023, 512−513：204527.

[98] Geng Y S, Chen J, Tan H, et al. Tribological performances of CoCrFeNiAl high entropy alloy matrix solid−lubricating composites over a wide temperature range[J]. Tribology International, 2021, 157：106912.

[99] 王港, 刘秀波, 刘一帆, 等. 304 不锈钢激光熔覆 CoTi$_3$SiC$_2$ 自润滑复合涂层微观组织与

摩擦学性能[J]. 材料工程, 2021, 49(11): 105-115.

[100] 韩雪, 刘金娜, 崔秀芳, 等. La_2O_3 改性 Ti/MoS_2 镍基复合涂层微观组织和摩擦学性能研究[J]. 表面技术, 2019, 48(9): 167-176.

[101] 张天刚, 姚波, 张志强, 等. Ni-石墨含量对 TC4 钛合金表面自润滑耐磨熔覆层组织与摩擦学性能的影响[J]. 材料工程, 2021, 49(10): 104-115.

[102] Sidharthan S, Raajavignesh G, Nandeeshwaran R, et al. Mechanical property analysis and tribological response optimization of SiC and MoS$_2$ reinforced hybrid aluminum functionally graded composite through Taguchi's DOE[J]. Journal of Manufacturing Processes, 2023, 102: 965-984.

[103] Torres H, Caykara T, Rojacz H, et al. The tribology of Ag/MoS$_2$-based self-lubricating laser claddings for high temperature forming of aluminium alloys[J]. Wear, 2020, 442-443: 110203.

[104] 陈雨晴, 余敏, 曹开, 等. 铜基自润滑涂层的研究进展[J]. 表面技术, 2021, 50(2): 91-100+220.

[105] 张天刚, 张倩, 庄怀风, 等. TC4 表面 Ti$_2$SCTi$_2$Ni 复合结构相的自润滑激光熔覆层组织与性能[J]. 光学学报, 2020, 40(11): 133-143.

[106] Chang F, Cai B, Zhang C, et al. Thermal stability and oxidation resistance of FeCr$_x$CoNiB high-entropy alloys coatings by laser cladding[J]. Surface and Coatings Technology, 2019, 359: 132-140.

[107] Dou D, Li X C, Zheng Z Y, et al. Coatings of FeAlCoCuNiV high entropy alloy[J]. Surface Engineering, 2016, 32(10): 766-770.

[108] Chang S-H, Huang S-P, Wu S-K. Effect of Al content on the selective leaching property of Al$_x$CoCrFeNi high-entropy alloys[J]. Materials Today Communications, 2022, 32: 104079.

[109] 张志彬, 张舒研, 陈永雄, 等. 合金组元与含量对激光熔覆高熵合金涂层的影响研究综述[J]. 中国表面工程, 2021, 34(5): 76-91.

[110] 韩晨阳, 孙耀宁, 徐一飞, 等. 激光熔覆纳米 TiC 增强 AlCoCrFeNi 高熵合金磨损及腐蚀性能[J]. 稀有金属材料与工程, 2022, 51(2): 607-614.

[111] Han Y R, Zhang C H, Cui X, et al. Microstructure and properties of a novel wear- and corrosion-resistant stainless steel fabricated by laser melting deposition[J]. Journal of materials research, 2020, 35(15): 2006-2015.

[112] 迟静, 李敏, 王淑峰, 等. TiC 生成方式对激光熔覆镍基涂层组织和性能的影响[J]. 中国表面工程, 2017, 30(4): 134-141.

[113] Ding W, Wang Z, Chen G, et al. Oxidation behavior of low-cost CP-Ti powders for additive manufacturing via fluidization[J]. Corrosion Science, 2021, 178: 109080.

[114] Zhang H, Zhang C H, Wang Q, et al. Effect of Ni content on stainless steel fabricated by laser melting deposition[J]. Optics & Laser Technology, 2018, 101: 363-371.

［115］ Wang L, Geng Y, Tieu A K, et al. In－situ formed graphene providing lubricity for the FeCoCrNiAl based composite containing graphite nanoplate［J］. Composites Part B: Engineering, 2021, 221: 109032.

［116］ Joseph J, Haghdadi N, Shamlaye K, et al. The sliding wear behaviour of CoCrFeMnNi and Al_xCoCrFeNi high entropy alloys at elevated temperatures［J］. Wear, 2019, 428－429: 32－44.

［117］ 赵万新, 周正, 黄杰, 等. FeCrNiMo 激光熔覆层组织与摩擦磨损行为［J］. 金属学报, 2021, 57(10): 1291-1298.

［118］ 张志强, 杨凡, 张天刚, 等. 激光熔覆碳化钛增强钛基复合涂层研究进展［J］. 表面技术, 2020, 49(10): 138-151+168.

［119］ Ye F, Yang Y, Lou Z, et al. Microstructure and wear resistance of TiC reinforced AlCoCrFeNi_{2.1} eutectic high entropy alloy layer fabricated by micro－plasma cladding［J］. Materials Letters, 2021, 284: 128859.

［120］ Wang J, Yang H, Liu Z, et al. A novel $Fe_{40}Mn_{40}Cr_{10}Co_{10}$/SiC medium－entropy nanocomposite reinforced by the nanoparticles－woven architectural structures［J］. Journal of Alloys and Compounds, 2019, 772: 272－279.

［121］ Guo Y, Shang X, Liu Q. Microstructure and properties of in－situ TiN reinforced laser cladding $CoCr_2FeNiTi_x$ high－entropy alloy composite coatings［J］. Surface and Coatings Technology, 2018, 344: 353－358.

［122］ Liu J, Liu H, Chen P, et al. Microstructural characterization and corrosion behaviour of $AlCoCrFeNiTi_x$ high－entropy alloy coatings fabricated by laser cladding［J］. Surface and Coatings Technology, 2019, 361: 63－74.

［123］ Zhang H, Pan Y, Zhang Y, et al. A comparative study on microstructure and tribological characteristics of Mo_2FeB_2/WC self－lubricating composite coatings with addition of WS_2, MoS_2, and h－BN［J］. Materials & Design, 2023, 225: 111581.

［124］ Liu H Q, Cui G J, Shi R B, et al. MoS_2/CoCrNi Self-Lubricating Composite Coating and Its High－Temperature Tribological Properties［J］. RARE METAL MATERIALS AND ENGINEERING, 2020, 49(12): 4280-4289.

［125］ Torres H, Vuchkov T, Rodríguez Ripoll M, et al. Tribological behaviour of MoS_2－based self-lubricating laser cladding for use in high temperature applications［J］. Tribology International, 2018, 126: 153－165.

［126］ Liu X－B, Meng X－J, Liu H－Q, et al. Development and characterization of laser clad high temperature self－lubricating wear resistant composite coatings on Ti－6Al－4V alloy［J］. Materials & Design, 2014, 55: 404－409.

［127］ Colgan D C, Powell A V. A combined time－of－flight powder neutron and powder X－ray diffraction study of ternary chromium sulfides, $V_x Cr_{3-x}S_4$ (0 < = x < = 1.0)［J］. Journal of materials chemistry, 1996, 6(9): 1579-1584.

[128] 刘近朱, 欧马励, 孟秀坤, 等. 几种含硫镍基高温自润滑合金的研究[J]. 摩擦学学报, 1993, (3): 193-200.

[129] Tonon A, Di Russo E, Sgarbossa F, et al. Laser induced crystallization of sputtered MoS₂ thin films[J]. Materials Science in Semiconductor Processing, 2023, 164: 107616.

[130] Kumar R, Antonov M, Varga M, et al. Synergistic effect of Ag and MoS₂ on high-temperature tribology of self-lubricating NiCrBSi composite coatings by laser metal deposition[J]. Wear, 2023, 532-533: 205114.

[131] 唐斌, 孙霄, 杜强, 等. 超音速火焰喷涂 WC-17Co 合金涂层修复飞机燃油接受探管导轨磨损部位[J]. 机械工程材料, 2019, 43(4): 44-47+52.

[132] Barr C, Da Sun S, Easton M, et al. Influence of macrosegregation on solidification cracking in laser clad ultra-high strength steels[J]. Surface and Coatings Technology, 2018, 340: 126-136.

[133] Yang S F, Liu Z L, Pi J. Microstructure and wear behavior of the AlCrFeCoNi high-entropy alloy fabricated by additive manufacturing[J]. Materials Letters, 2020, 261: 127004.

[134] Luo F, Shi W, Xiong Z, et al. Microstructure and properties analysis of AlCoCrFeNi high-entropy alloy/iron-based amorphous composite coatings prepared by laser cladding[J]. Journal of Non-Crystalline Solids, 2024, 624: 122732.

[135] Cai Y C, Chen Y, Manladan S M, et al. Influence of dilution rate on the microstructure and properties of FeCrCoNi high-entropy alloy coating[J]. Materials & Design, 2018, 142: 124-137.

[136] Tan H, Luo Z, Li Y, et al. Microstructure and wear resistance of Al₂O₃-M₇C₃/Fe composite coatings produced by laser controlled reactive synthesis[J]. Optics & Laser Technology, 2015, 68: 11-17.

[137] Xu J, Liu W J, Zhong M L. Microstructure and dry sliding wear behavior of MoS₂/TiC/Ni composite coatings prepared by laser cladding[J]. Surface and Coatings Technology, 2006, 200(14): 4227-4232.

[138] 赵勇桃, 胡雨晴, 田志华, 等. FeCoCrNiAlMoₓ激光熔覆层的组织及微区成分分析[J]. 应用激光, 2023, 43(8): 32-38.

[139] 魏仕勇, 王超敏, 彭文屹, 等. Al 添加量对无钴高熵合金涂层组织结构和耐磨性的影响[J]. 金属热处理, 2023, 48(11): 276-281.

[140] 周勇, 徐龙, 周爽, 等. 激光熔覆 316L 涂层晶粒生长取向与形貌对其耐蚀性能的影响[J]. 表面技术, 2023, 52(5): 378-387.

[141] Sun G F, Tong Z P, Fang X Y, et al. Effect of scanning speeds on microstructure and wear behavior of laser-processed NiCr-Cr₃C₂-MoS₂-CeO₂ on 38CrMoAl steel[J]. Optics & Laser Technology, 2016, 77: 80-90.

［142］Zhou R, Liu Y, Liu B, et al. Precipitation behavior of selective laser melted FeCoCrNiC$_{0.05}$ high entropy alloy［J］. Intermetallics, 2019, 106: 20–25.

［143］Hemadri K, Ajith Arul Daniel S, Kukanur V, et al. Investigation on mechanical characterization of Al/MoS$_2$/WC hybrid composite［J］. Materials Today: Proceedings, 2022, 69: 995–999.

［144］Wang T, Wang C, Li J J, et al. Microstructure and properties of laser-clad high entropy alloy coating on Inconel 718 alloy［J］. Materials Characterization, 2022, 193: 112314.

［145］Van Der Merwe R, Sacks N. Effect of TaC and TiC on the friction and dry sliding wear of WC–6wt.% Co cemented carbides against steel counterfaces［J］. International Journal of Refractory Metals and Hard Materials, 2013, 41: 94–102.

［146］Cui G J, Feng X G, Han W P, et al. Microstructure and high temperature wear behavior of in-situ synthesized carbides reinforced Mo-based coating by laser cladding［J］. Surface and Coatings Technology, 2023, 467: 129713.

［147］Lee C P, Chang C C, Chen Y Y, et al. Effect of the aluminium content of Al$_x$CrFe$_{1.5}$MnNi$_{0.5}$ high-entropy alloys on the corrosion behaviour in aqueous environments［J］. Corrosion Science, 2008, 50(7): 2053–2060.

［148］Lu X-L, Liu X-B, Yu P-C, et al. Effects of annealing on laser clad Ti$_2$SC/CrS self-lubricating anti-wear composite coatings on Ti6Al4V alloy: Microstructure and tribology［J］. Tribology International, 2016, 101: 356–363.

［149］Yu K, Zhao W, Li Z, et al. Effects of pulse frequency on the microstructure and properties of AlCoCrFeNiMo(TiC) high-entropy alloy coatings prepared by laser cladding［J］. Surface and Coatings Technology, 2023, 458: 129352.

［150］许伯藩, 方军, 史华忠, 等. TiC 量对激光熔覆金属陶瓷涂层的影响［J］. 机械工程材料, 1998, (1): 20–22.

［151］许家豪, 汪选国, 姚振华. 粉末冶金制备工艺对 TiC 增强高铬铸铁基复合材料性能的影响［J］. 材料工程, 2022, 50(9): 105–112.

［152］张恒, 王李波, 刘凡凡, 等. 二维晶体 Ti$_2$C 的制备及对锂基润滑脂摩擦学性能的影响［J］. 润滑与密封, 2017, 42(3): 71–75.

［153］Eklund P, Beckers M, Jansson U, et al. The M$_{n+1}$AX$_n$ phases: Materials science and thin-film processing［J］. Thin Solid Films, 2010, 518(8): 1851–1878.

［154］王雨晨, 许剑光, 彭桂花, 等. 三元层状化合物 Ti$_2$SC 的制备及其力学性能［J］. 机械工程材料, 2016, 40(7): 27–31.

［155］Zhang P, Yan H, Yao C, et al. Synthesis of Fe–Ni–B–Si–Nb amorphous and crystalline composite coatings by laser cladding and remelting［J］. Surface and Coatings Technology, 2011, 206(6): 1229–1236.

［156］姬寿长, 李争显, 罗小峰, 等. TC21 钛合金表面无氢渗碳层耐磨性分析［J］. 稀有金属材料与工程, 2014, 43(12): 3114–3119.

[157] Chen J-M, Guo C, Zhou J-S. Microstructure and tribological properties of laser cladding Fe-based coating on pure Ti substrate[J]. Transactions of Nonferrous Metals Society of China, 2012, 22(9): 2171-2178.

[158] 段然曦, 黄伯云, 刘祖铭, 等. Rene104镍基高温合金选区激光熔化成形及开裂行为[J]. 中国有色金属学报, 2018, 28(8): 1568-1578.

[159] Shuang S, Ding Z Y, Chung D, et al. Corrosion resistant nanostructured eutectic high entropy alloy[J]. Corrosion Science, 2020, 164: 108-115.